實戰智慧

遠流出版公司

實戰智慧叢書 ㉖⑤

高科技創新與競爭——競爭優勢策略分析模式實證

作　　　者——徐作聖・邱奕嘉

策　　　劃——李仁芳博士

主　　　編——陳錦輝

特 約 編 輯——何昭芬

責 任 編 輯——王秀婷

發 行 人——王榮文

出 版 發 行——遠流出版事業股份有限公司

　　　　　　　臺北市汀州路3段184號7樓之5

　　　　　　　郵撥／0189456-1

　　　　　　　電話／2365-1212　　　　傳真／2365-7979

香 港 發 行——遠流出版事業股份有限公司

　　　　　　　香港北角英皇道310號雲華大廈4樓505室

　　　　　　　電話／2508-9048　　　　傳真／2503-3258

　　　　　　　香港售價／港幣66元

著作權顧問——蕭雄淋律師

法 律 顧 問——王秀哲律師・董安丹律師

2000年 12 月 1 日　初版一刷

2003年 5 月 1 日　初版三刷

行政院新聞局局版臺業字第1295號

售價新台幣200元　　（缺頁或破損的書，請寄回更換）

版權所有・翻印必究　（Printed in Taiwan）

ISBN 957-32-4232-X

YL*ib* 遠流博識網

　　http://www.ylib.com　　　E-mail:ylib@ylib.com

實戰智慧叢書⑳

高科技創新與競爭
Knowledge based Innovation and Competition

競爭優勢策略分析模式實證

徐作聖・邱奕嘉／著

《實戰智慧叢書》

出版緣起　　　　王榮文

　　在此時此地推出《實戰智慧叢書》，基於下列兩個重要理由：其一，臺灣社會經濟發展已到達了面對現實強烈競爭時，迫切渴求實際指導知識的階段，以尋求贏的策略；其二，我們的商業活動，也已從國內競爭的基礎擴大到國際競爭的新領域，數十年來，歷經大大小小商戰，積存了點點滴滴的實戰經驗，把這些智慧留下來，以求未來面對更嚴酷的挑戰時，能有所憑著與突破。

　　我們特別強調「實戰」，因為我們認為在面對競爭對手強而有力的挑戰與壓力之下，為了求生、求勝而擬定的種種決策和執行過程，最值得我們珍惜。經驗來自每一場硬仗，所有的勝利成果，都是靠著參與者小心翼翼、步步為營而得到的。我們現在與未來最需要的腳踏實地的「行動家」，而不是缺乏實際商場作戰經驗、徒憑理想的「空想家」。

　　我們重視「智慧」。「智慧」是衝破難局、克敵致勝的關鍵所在。在實戰中，若缺乏智慧的導引，只恃暴虎馮河之勇，與莽夫有什麼不一樣？翻開行銷史上赫赫戰役，都是以智取勝，才能建立起榮耀的殿堂。孫子兵法云：「兵者，詭道也。」意思也明指在競爭場上，智慧的重要性與不可取代性。

《實戰智慧叢書》的基本精神就是提供實戰經驗，啟發經營智慧。每本書都以人人可以懂的文字語言，綜述整理，為未來建立「中國式管理」，鋪設牢固的基礎。

遠流出版公司《實戰智慧叢書》將繼續選擇優良讀物呈獻給國人。一方面請專人蒐集歐、美、日最新有關這類書籍譯介出版；另一方面，約聘專家學者對國人累積的經驗智慧，作深入的整編與研究。我們希望這兩條源流並行不悖，前者汲取先進國家的智慧，作為他山之石；後者則是強固我們經營根本的唯一門徑。今天不做，明天會後悔的事，就必須立即去做。臺灣經濟的前途，或亦繫於有心人士，一起來參與譯介或撰述，集涓滴成洪流，為明日臺灣的繁榮共同奮鬥。

這套叢書的前五十三種，我們請到周浩正先生主持，他為叢書開拓了可觀的視野，奠定了紮實的基礎；從第五十四種起，由蘇拾平先生主編，由於他有在傳播媒體工作的經驗，更豐實了叢書的內容；自一一六種起，由鄭書慧先生接手主編，他個人在實務工作上有豐富的操作經驗；自第一三九種起，由政大科管所教授李仁芳博士擔任策劃，希望借重他在學界、企業界的長期工作心得，能為叢書的未來，繼續開創「前瞻」、「深廣」與「務實」的遠景。

策劃者的話

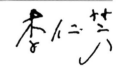

　　企業人一向是社經變局的敏銳嗅覺者，更是最踏實的務實主義者。

　　九○年代，意識型態的對抗雖然過去，產業戰爭的時代卻正方興未艾。

　　九○年代的世界是霸權顛覆、典範轉移的年代：政治上蘇聯解體；經濟上，通用汽車（GM）、IBM虧損累累——昔日帝國威勢不再，風華盡失。

　　九○年代的台灣是價值重估、資源重分配的年代：政治上，當年的嫡系一夕之間變偏房；經濟上，「大陸中國」即將成為「海洋台灣」勃興「鉅型跨國工業公司」（Giant Multi-national industrial Corporations）的關鍵槓桿因素。「大陸因子」正在改變企業集團掌控資源能力的排序——五年之內，台灣大企業的排名勢將出現嶄新次序。

　　企業人（追求筆直上昇精神的企業人！）如何在亂世（政治）與亂市（經濟）中求生？

　　外在環境一片驚濤駭浪，如果未能抓準新世界的砥柱南針，在舊世界獲利最多者，在新世界將受傷最大。

　　亂市浮生中，如果能堅守正確的安身立命之道，在舊世

界身處權勢邊陲弱勢者，在新世界將掌控權勢舞台新中央。

《實戰智慧叢書》所提出的視野與觀點，綜合來看，盼望可以讓台灣、香港、大陸乃至全球華人經濟圈的企業人，能夠在亂世中智珠在握、回歸基本，不致目眩神迷，在企業生涯與個人前程規劃中，亂了章法。

四十年篳路藍縷，八百億美元出口創匯的產業台灣（Corporate Taiwan）經驗，需要從產業史的角度記錄、分析，讓台灣產業有史為鑑，以通古今之變，俾能鑑往知來。

《實戰智慧叢書》將註記環境今昔之變，詮釋組織興衰之理。加緊台灣產業史、企業史的記錄與分析工作。從本土產業、企業發展經驗中，提煉台灣自己的組織語彙與管理思想典範。切實協助台灣產業能有史為鑑，知興亡、知得失，並進而提升台灣乃至華人經濟圈的生產力。

我們深深確信，植根於本土經驗的經營實戰智慧是絕對無可替代的。另一方面，我們也要留心蒐集、篩選歐、美、日等產業先進國家與全球產業競局的著名商戰戰役與領軍作戰企業執行首長深具啟發性的動人事蹟，加入本叢書譯介出版，俾益我們的企業人汲取其實戰智慧，作為自我攻錯的他山之石。

追求筆直上昇精神的企業人！無論在舊世界中，你的地位與勝負如何，在舊典範大滅絕、新秩序大勃興的九〇年代，《實戰智慧叢書》會是你個人前程與事業生涯規劃中極具座標參考作用的羅盤南針，也將是每個企業人往二十一世

紀新世界的探險旅程中，協助你抓準航向，亂中求勝的正確新地圖。

【策劃者簡介】李仁芳教授，一九五一年生於台北新莊。曾任職於輔仁大學管理學研究所所長，兼企管系系主任，主授「創新管理」與「組織理論」，現為政治大學科技管理研究所教授，並擔任聲寶文教基金會與聲寶工業研究所董事，以及管理科學學會大專院校管理學術促進委員會主任委員。近年研究工作重點在台灣產業史的記錄與分析。著有《管理心靈》、《產權體制、工作組織人際關係與組織生產力》《7－ELEVEN統一超商縱橫台灣》等書。

《高科技創新與競爭》目錄

生物科技篇

施序

　　掌握瞬息萬變的市場資訊，開創高附加價值的專業技術與研發的持續創新，是企業提昇競爭力的基礎。而策略分析的運用更是其關鍵所在，它從不同的角度、觀點切入，協助企業了解本身的經營環境與競爭優勢。

　　然而，傳統的策略分析模式僅提供了策略性的思維，但缺乏客觀性及可操作性的方法。本書正解決了這樣的問題，藉由清楚的產業定位、競爭者分析，並結合創新矩陣與策略意圖，成功地架構出一套可模擬、可實作的策略分析模型。此模型不僅具有學術上的價值，更可提供實務界人士使用。

　　本書的另一特色是提供了許多個案分析案例，包括IC、ISP、製藥、知識經濟等產業，皆是台灣目前最熱門的產業，透過實例的分析與介紹，讀者不僅可對這些產業、公司有所了解，更能深入洞察該策略分析模型的精髓。

　　徐教授回國後，任教於交通大學科技管理研究所，致力於策略管理、產業分析及科技政策研究多年，研究成果有目共睹，除著書數冊外，更多次受邀赴大陸、美國進行學術交流，更難能可貴的是其積極強調理論與實務結合的重要性。

　　本書是徐教授繼《策略致勝》（遠流《實戰智慧叢書》⑳）後，又一論述策略管理精華的巨著，內容包含有理論與實務的介紹，值得所有對策略管理有興趣的人士參考收藏。

施振榮

作者序

　　近年來，台灣高科技產業發展快速，造成同業間激烈的競爭，更由於產品、技術國際化的原因，使得產業的競爭有快速國際化的趨勢。面對此種激烈的競爭情勢，企業除了加強創新活動外，策略分析與策略規劃也成為企業的經營重點。

　　最常使用的策略分析工具乃是所謂的「SWOT」分析，也就是企業優勢（Strengths）、劣勢（Weaknesses）、機會（Opportunities）、威脅（Threats）的分析，前二項著重於企業內部資源的評估，而後二項專注於經營環境的研究。但這種SWOT分析較依賴分析者主觀的認知，更由於缺乏一份產業競爭規則的評估，故常流於形式而缺乏真正的實用價值。

　　有鑑於此，筆者在五年前著手研究一套新的SWOT分析模式，希望能以客觀的角度來評估企業的創新與競爭能力，同時藉著SWOT分析的結果與企業未來的策略意圖比較，以推衍出策略規劃的正當性與實用性。這份研究結果已在民國八十八年由遠流出版公司發行，書名是《策略致勝—科技產業競爭優勢分析的新模式》。

　　另外，在交通大學任教期間，曾應用這個SWOT的分析模

式於「企業政策與策略管理」的課程中，五年來收集了許多個案研究，其中挑選最精華的五個個案分析，希望能使本書的讀者更深入地了解台灣高科技產業的發展現況，以作為未來發展的參考。

本書主要分為二大部分，第一部分為SWOT模式的介紹，第二部分為個案探討；而在第二部分中，又蒐錄了五個案例，每個案例皆包含《產業概況》《個案背景》《模式實證》。第一個案例為IC代工篇，介紹我國IC產業的發展現況，並以聯華電子公司為個案研究；第二個案例為資訊科技篇，介紹我國新興的知識經濟產業（knowledge-based industry）的競爭形式，並以台灣積體電路公司最近發展之虛擬晶圓廠策略為例，來描述此產業之特性；第三個案例為寬頻網路篇，彙整了寬頻網路及東森多媒體公司的策略方向；第四個案例為ISP產業篇，探討台灣ISP（Internet Service Provider）產業及數位聯合電信公司（SEEDNet）的策略和經營現況；第五個案例為生物科技篇，介紹我國製藥業的競爭情勢，並以永信製藥公司為個案研究。

本書順利付梓，實歸功於交大科技管理研究所「企業政策及策略管理」課程的同學，他們有的是一般的研究生，有的是在職專班及學分班的同學，前者具有理論的訓練，而後者具有產業界的經驗，這二種不同背景同學的結合使本書具備了學術的內容及實用的價值。協助整理本書資料的研究生包括：

《模式概論》蘇艷文；《ISP產業篇》李鳳寧、張愛群、李有財、陳永志、張志豪、陳炯欽、張弘昇、邱俊仁、吳秋易；《寬頻網路篇》吳念祖、黃麗菁、劉宏信、張芳菱、林世懿、李雅婷、游素雯；《生物科技篇》郭陞權、郭佩蓁、許博炫、游朝成、黃建昌、王啟秀；《IC代工篇》趙佑平、梁興福、王

中志、于德順、張昇正、王炳興、陳雅芳、林杏潔;《資訊科技篇》余玉英、王茂榮、徐宗琦、彭學彪、朱浚學、張麗娟、方永年、張慶發、蘇裕鈞、詹文榮。

此外,施振榮先生為本書作序,遠流出版公司王榮文董事長的大力協助,也在此一併致謝。

本書倉促成書,雖力求完美但疏漏之處在所難免,希望產官學研各界能不吝給予指教,而作者更會隨時勉勵自己來提升本書的實用性。

徐作聖、邱奕嘉

千禧年二月謹識於新竹交通大學

高科技創新與競爭．競爭優勢策略分析模式實證．

在九〇年代，策略管理的研究領域面臨了重大瓶頸。不論是實務界或學術界都大幅調整步伐，策略規劃似乎已不再受到歡迎與重視，甚至有些學者高喊「丟棄策略規劃」。然而面對多變的競爭環境，應調整的是尋找新的策略研究典範，對企業而言，組織的管理與運作，需有「方向」或「思想」來加以指引。企業經營者應重新檢討的是策略規劃的基本邏輯與方法，才能真正與實務配合，擬定出實用且創新的策略。

本書利用獨創的策略分析模型，並以時下最熱門高科技產業和知名業者做一個案研究，希望能加深讀者對競爭策略及產業發展的了解。

競爭優勢策略分析模式

　　回顧國內、外企業在制定企業策略時，對內、外環境所採取的分析方式，大致可分成下列幾種：(1)由企業經營者的主觀評估，缺乏邏輯性的思考架構；(2)由策略分析理論中，擷取其片斷理論知識來應用分析，僅能瞭解企業內、外環境中的某些關鍵性議題，但缺乏完整性；(3)套用眾多的理論方法，卻往往是造成過多的資訊，無法真正明瞭資訊所傳達的訊息。

　　事實上，企業在制定經營策略時，可採用的策略分析工具及思考構面種類繁多。舉例來說，策略大師波特（Porter）所發展出的策略競爭矩陣模型、企業價值鏈分析模型，便提供了策略規劃者對擬定策略及分析企業活動非常好的分析工具，廣為業界所採用。另外，除了從外在策略構面來進行策略分析外，管理學者Hamel & Prahalad更積極鼓吹與強調累積企業核心能力的重要性。他們認為，未來企業成功的關鍵，將取決於企業是否能累積足夠的核心資源，及建立起競爭對手難以超越的競爭障礙。

　　而管理專家Schumann等人，更具體的發展了一套「市場導向創新分析方法」。他們利用「創新矩陣」（Innovation Map）的概

念，將以市場構面所得到的分析結果，依創新分類及影響層級，將企業所面臨的顧客、技術能力及競爭對手區隔成九種情況，再予以量化。此種表達的方式，使得企業經營者可清楚瞭解企業本身的優、缺點，及外在環境的機會與威脅，進而訂定出較具實用性的策略。

然而，儘管上述學者們所發展出來的分析工具、模型、核心能力的概念，均只是企業內、外環境的部份層面，難以使企業經營者對所處內、外環境有一全盤性的認識。本書的目的便在於建構一套具有系統性、創新性且具整合性的策略分析方法，以期能提供給業界來應用及參考。

競爭優勢策略分析模式示意圖

傳統企業經營者在進行策略分析時，往往缺乏明確的判斷標準與分析方式。有鑑於此，筆者融合產業及市場兩大構面，提出了一套整合性及創新性的策略分析程序，如圖1.1所示。

本模型結合波特所提出的「競爭策略矩陣模型」和「企業價值鏈模型」，與Schumann等人所發展「創新矩陣分析方法」的概念，並加入產業「關鍵性成功因素」及企業中「核心資源」的觀點，提出「競爭優勢策略分析模式」之理論架構（詳細內容請參考遠流出版公司出版之《策略致勝》）。此一分析模式主要包含有下列兩大構面的分析：一為產業構面分析，一為市場構面分析，以及對此策略分析結果的創新性評量。

以下將針對產業、市場構面與創新評量的方式，進行深入說明。

圖1.1 競爭優勢策略分析模式之架構

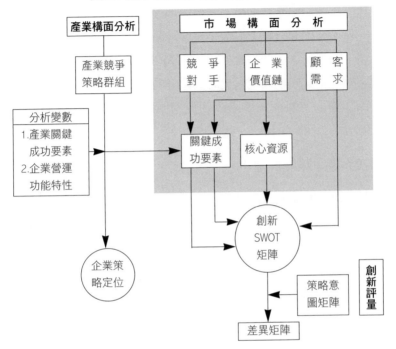

產業構面分析

　　產業構面分析是將企業所處的產業環境，根據其競爭策略劃分成四大競爭策略群組，並針對每一策略群組進行：(1)產業關鍵性成功因素分析（瞭解影響企業經營績效的關鍵性因素）(2)企業營運特性分析（處於不同的競爭策略群組的企業，在不同關鍵性成功因素的影響下，必產生不同的組織營運特性需求）。

　　在瞭解影響不同競爭策略群組的關鍵性成功因素及企業營運特性後，企業經營者可針對自身所處企業的瞭解，而給予企業清楚的策略定位。另外，企業經營者可更進一步比較並調整

企業的營運功能特性，以符合所屬策略群組的要求，進而累積或建立起的所屬產業階段的關鍵成功因素。

在產業構面分析上，改良自波特所提出的「競爭策略矩陣」模型，將產業中各競爭廠商，依「競爭領域」（competitive scope）的廣狹，及低成本或差異化的「競爭優勢」（competitive advantage）等兩大構面，將產業區隔成四種不同的競爭策略群組，如圖1.2所示。

■四大競爭策略群組

1. 獨特技術能力：代表企業擁有技術上差異化的競爭優勢，以及擁有專精的競爭領域。此種企業專注於某種專門研發技術的累積及創新發展，並有能力將此種技術移轉及應用至不同的產業領域，以及參與產業技術規格及標準的制定。

簡言之，此競爭群組競爭優勢在於建立技術研發上的利基（niche），以技術標準的制定及開發來形成進入市場的障礙，是

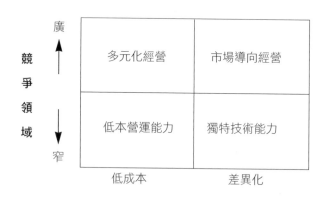

圖1.2 產業構面四大競爭群組

一種以「技術導向」為主的經營型態。

2. **低成本營運能力**：代表企業擁有成本上的競爭優勢，但產品集中於狹窄的競爭構面，專注於產業的製造與生產效率的滿足，成本的降低為其最主要的經營重點。

簡言之，此競爭群組的競爭優勢在於建立以提昇製造效率、量產速度（Time to Volume）為主的利基，以規模經濟或縮短製程、品質控制為主要利基，並藉成本優勢來形成進入障礙，是一種以「生產導向」或「成本導向」為主的經營型態。

3. **市場導向經營**：代表企業專注於產業最終顧客需求的滿足及市場的開拓，企業品牌與形象的建立，以及產品的多樣化等。企業具有多樣化的產品種類，能掌握進入市場的時效（Time to Market），為市場開發與先驅者。

此競爭群組的競爭優勢，以顧客滿意、品牌及形象及市場通路為主要利基，以形成其他廠商的進入障礙，是一種以「市場導向」為主的經營型態。

4. **多元化經營**：多元化經營模式，代表企業擁有成本上的競爭優勢，以及較為寬廣的競爭構面。此種企業的特性，在於除了擁有所處產業的產品及技術外，還擁有其他相關性產業的多元性技術，並能掌握範圍經濟（Economies of Scope）的優勢。該企業資本額龐大，並擁有著高度的混合型組織型態，以全球化市場導向將產品行銷到全球各地。

其競爭優勢在於創造適用於不同產業型態的技術、生產或市場間的綜效（Synergy），並藉此達成經營規模的擴展，是一種「多角化導向」的經營型態。

將產業區隔成上述四大競爭策略群組後，接下來將針對每一競爭策略群組，分析其相對應的產業關鍵成功因素，並探討

在不同競爭策略群組間，所存在的企業營運功能特性。

■關鍵性成功因素分析

產業關鍵性成功因素會隨著經產業特性、驅動力及競爭狀況及時間的變化而有所改變。對企業經營者而言，若能掌握一到兩個關鍵性成功因素，便能取得產業競爭的競爭優勢。

本書將產業區隔成四種不同的競爭策略群組，並認為在不同的競爭策略群組中，存在著不同的關鍵成功因素。舉例來說，個人電腦產業中，獨特技術能力的經營型態，意味著其關鍵性成功因素在於技術的研究發展；低成本營運能力的關鍵性成功因素在於取得規模經濟及生產製造上的效率；市場導向經營模式的經營者，最重要的考量在於品牌的建立、服務及行銷網路等因素；而多元化的經營模式，其成功因素在於掌握技術的多元化，資金上的彈性運用等。

對企業經營者而言，惟有選擇或分辨出一個最適合組織發展的策略群組，並累積所必需的關鍵性成功因素，才是促使企業經營成功的不二法門。所以此一產業構面分析的目的，在於針對產業中不同競爭策略群組的經營型態進行分析，並給予企業一清楚且明確的策略性定位，藉此制定出最適企業發展的產業競爭策略，累積及培養出企業所必須具有的產業關鍵性成功因素。

■企業營運功能特性分析

在不同的競爭策略群組中，存在著不同的關鍵成功因素，而不同關鍵成功因素的累積，意味著不同的企業營運功能特性的發揮。舉例來說，市場導向經營的企業，必須發展行銷能

力、產品設計工程、強調品質及企業形象上的累積與提昇；而低成本營運經營模式的企業，必須能提昇製造程序、工程設計技術並加強員工管理。而使得不同的營運功能策略下，形成不同的領導作風及導致不同的企業文化與氣候。

　　當企業經營者先分析整體產業環境，取得適當的產業定位後，接下來便可進一步對所處的市場環境進行分析。

市場構面分析

　　市場構面的組成份子包含企業體本身、競爭對手及顧客三大要項。在企業體分析上，是將企業的經營活動區分成主要性活動及支援性活動，來進行企業的價值活動分析。除了對企業體進行各種價值活動的瞭解分析外，企業體分析最主要的目的，在於找出具有策略性義涵的企業核心資源，包含無形的能力及有形的資產。

　　在競爭者分析上，主要是以產業分析構面中的關鍵性成功因素為分析要項，以瞭解競爭者與企業體本身的相對優勢。因企業或競爭者在市場佔有率、組織規模、產品種類等的表現，均只是企業經營的表徵，而非影響競爭者或企業本身成功與否的真正因素，惟有探究企業體本身與競爭者在產業關鍵性成功因素上的優劣，方能瞭解兩者在永續經營下的實質競爭優勢。

　　顧客分析的重點，則在於找出影響顧客需求的產品特性，並分析每一項產品特性對顧客的吸引力，以探究出市場所潛在的機會，以期能瞭解與掌握市場發展的趨勢。

　　所以，在制定一項經營策略時，必須考慮到市場構面的三個主角：企業本身、顧客，以及競爭者。這三個策略有機體都

各有其運作目標與滿足需求，合稱之為「策略金三角」（strategic triangle）。

　　針對於此，在此將市場構面上的主要分析重點，歸納成下列：1.競爭者分析、2.企業核心資源分析、及3.顧客需求分析等三大項目。接下來，則針對各項分析重點來予以說明。

■競爭者分析

　　企業之所以能在競爭環境中取勝，有賴於認清及累積關鍵性成功因素。因此企業本身必須認清及監視當前的競爭對手，並瞭解其掌握產業關鍵性成功因素的能力。對企業本身而言，如何避開競爭者所掌握的產業領域，並積極累積及建立競爭者所忽略的部份，為企業永續經營上最重要的決策要點。

　　基於上述理由，在競爭者分析架構上，主要可分為兩個構面，一為辨認競爭者，二為瞭解競爭者，其關係如圖1.3。

　　1.辨認競爭者：在競爭者的辨認上，本書採取以策略為基礎的分析模式，將競爭者依「競爭領域」（competitive scope）的廣狹，及其所具有的「競爭優勢」（competitive advantage）為低成本或差異化等兩大構面，區隔成四種不同的競爭策略群組。

　　利用策略群組之概念，可使企業更易於掌握競爭環境，且同一策略集群之發展動向，有許多類似之反應，有助於競爭者

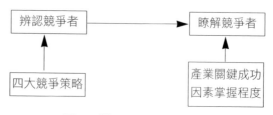

圖1.3 辨認及瞭解競爭者

未來策略之推測。此外，經由不同策略集群之分析，可使企業在面臨某一情況下，考量加入較具競爭優勢之策略集群。

2.瞭解競爭者：在辨認競爭者後，將進一步瞭解競爭者，方能瞭解企業所處競爭環境中，敵我的優劣而預先取得策略性優勢。

由於產業競爭最重要的策略性優勢，在於企業體能否掌握致勝的關鍵成功因素，所以本書採取產業構面分析所得的關鍵成功因素，為瞭解競爭者的主要策略變數。針對每一個策略分析變數進行競爭者的創新評量，用以明瞭競爭者在產業關鍵性成功因素上的掌握程度。

此外，由於企業的競爭優勢，來自於與競爭者的相互比較基礎之下，所以在產業關鍵成功因素的評量上，除了針對競爭者來分析外，再納入企業本身來進行比較性分析。藉由競爭者與企業體本身在相同產業關鍵成功因素下的創新評量，我們可瞭解到企業與競爭者之間在各關鍵成功因素的優勢及劣勢，做為評量企業實質競爭優勢的參考依據，如圖1.4。

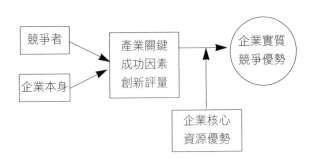

圖1.4 競爭者與企業本身之產業關鍵成功因素之創新性評量

■企業核心資源分析

　　企業構面的自我分析，最主要的目的在於確認組織所擁有的核心資源，包括資產和能力。此核心資源存在於企業不同的營運功能與價值活動上，所以在此，採取企業價值鏈的分析模型，來進行企業的核心資源分析，如圖1.5。

　　針對企業價值鏈上的不同活動基礎（主要活動及支援性活動），分析企業的績效水準、優勢、弱勢及所承受之限制，藉此歸納分析組織在不同活動層面的經營優勢，進而推論得與歸納出企業的核心資源。

■顧客需求分析

　　在市場競爭的環境中，企業主要的任務，在於生產產品或服務，然後透過行銷通路，將產品或服務分配到消費者手中，創造出利潤。而企業生存及獲利的關鍵因素，在於使顧客產生購買行動同時滿足其需求，所以企業必須瞭解顧客的購買行為，也就是進行顧客需求分析。

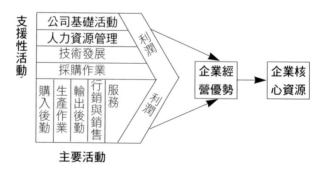

圖1.5 企業核心資源分析

圖1.6 顧客需求分析

本書在顧客需求分析上，主要從市場區隔劃分及消費者購買動機分析等兩大構面著手，如圖1.6所示：

1. **市場區隔化分析**：企業在顧客需求的掌握上，首見必須先確認企業所面對的各類消費群，並進行區隔劃分。市場既經劃分區隔，則採取之策略也應有所區隔，俾能針對不同的市場區隔，做出不同的因應措施。

市場區隔所需考慮之變數甚多，如收入、所處地區及使用目的等變數，所有各項可資運用之變均必須一一的分析其特性，並認清其是否能有效的被區隔，才能發展出適當的策略方案，滿足顧客的不同需求。

2. **顧客購買動機分析**：在市場區隔之後，下一步即是瞭解顧客購買動機。一般而言，影響顧客購買決策之因素可歸納成下列二類：

(1)與產品有關之因素：如價格之高低、廣告效果、促銷與售後服務、行銷通路之多寡及種類、企業形象及品牌等。

(2)與顧客有關之因素：如顧客之職業、教育程度、所得程度等因素。

對企業策略規劃者而言，若能取得上述資料，便可進行顧客需求分析，而進一步掌握住市場需求的發展趨勢。

從市場構面的分析，可以瞭解影響企業經營成敗的核心資源，影響顧客需求的產品特性項目，及競爭者與企業體本身在業關鍵性成功因素上的比較結果。

　　接下來將綜合上述企業核心資源、顧客需求項目、及競爭者與企業本身在關鍵成功因素上的比較結果，進行創新性評量。利用創新矩陣分析法就其對企業的影響種類（包括產品、製程、組織三種）、影響性質（包括漸進式改變、系統性改變、突破性改變）、及影響程度的強弱（區分成五個等級）來予以分類及評量，而分別得出一「3×3」的創新矩陣。

　　此一創新性評量的目的，在於將傳統繁雜及缺乏系統性的策略分析（即SWOT分析）結果，用簡單的數量模型加以表示，使企業經營者在擬定企業策略時，更能掌握產業成功關鍵性成功因素及組織核心資源，並對企業所處的內外環境有一完整且清楚的瞭解。

創新矩陣分析法

　　在經過市場構面競爭者、顧客及企業自我分析的過程後，接下來，將針對上述每一項的分析結果進行創新性分析。將複雜的分析結果，歸納成具體簡單的「創新SWOT矩陣」。

■創新矩陣

　　市場構面的創新性分析，主要有下列三大分析構面，而每一構面中有三大分析類別：

　　(1)創新種類分析：針對每一策略分析要素，就其影響層面進行「產品（Procuct；p1）」、「製程（Process；p2）」、「組織（Organization；O）」的創新性分類。

　　「產品」是指有關於產品、價格、通路及促銷等行銷四P的相關性活動；「製程」指的是有關生產或製造的活動項目；而

「組織」則代表企業運作中具有整合性及綜合性的活動。

(2)**創新性質分析**：針對每一策略分析要素，就其影響性質予以依「漸近性（Incremental；I）」、「系統性（System；S）」、「突破性（Breakthrough；BT）」進行性質分類。

在定義上，每一影響性質的判斷標準包含了此一策略要素的可達性及對企業的衝擊性。所謂「漸近性」是指容易達成並對企業所造成的衝擊程度較小；「系統性」指的是較難以達成，對企業所造成的衝擊程度中等；「突破性」是指最不易達成，並對企業所造成的衝擊程度最大。

(3)**創新強弱分析**：針對每一策略分析要素，進行影響的強弱分析，並給予一數量性評量結果，以能清楚辨別出企業所擁有的優勢，及外部環境機會強弱。

創新強弱的評量標準分成五個等級，由強至弱分別以XL, L, M, S, O符號表示之，代表5, 4, 3, 2, 1的權重分數。

藉由上述創新性分析的三大分析構面，我們可以將市場構面的各個策略分析要素，彙總表示成「創新矩陣」，如**圖**1.7。

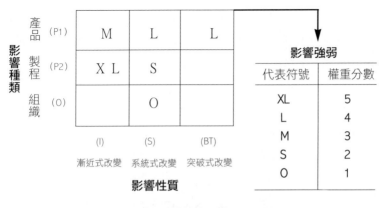

圖1.7 市場構面之創新矩陣

■市場構面的四大創新矩陣

　　如圖1.8所示，在市場構面的分析中，針對與企業本身具有相同競爭群組定位的競爭者，以該競爭群組所具有的產業關鍵成功因素為策略變數，分別進行企業本身與競爭對手的創新性分析，瞭解兩者在產業關鍵成功因素上的掌握程度，而得出「競爭對手創新矩陣」與「產業優勢創新矩陣」。

　　另外，在企業本身的價值活動分析中，利用經營優勢歸納的核心資源，做為評量的變數進行創新分析，建立「企業優勢創新矩陣」，用以表示企業在價值活動上的經營優勢。

　　最後，利用影響顧客需求的產品項目做為評量變數，進行創新分析，而可獲得「顧客需求創新矩陣」。

■創新SWOT矩陣

　　在市場構面的創新性分析過程中，可得到上述四大創新矩陣，藉此瞭解競爭者與企業本身，在產業關鍵成功因素方面的掌握程度。針對企業在不同價值活動中的分析結果，瞭解企業所擁有核心資源的強弱及配置，協助企業經營者針對不同價值活動，進行改善與持續累積核心資源。在顧客需求構面的分析，更可令企業經營者明瞭顧客的需求變動及市場未來發展趨勢，儘早累積能力因應未來市場需求變化。

　　由上述完整的市場構面分析結果，可瞭解到企業所具有的優勢及劣勢，並發掘市場中顧客需求的機會與威脅。然後合併上述「競爭對手創新矩陣」、「產業優勢創新矩陣」、「企業優勢創新矩陣」、以及「顧客需求創新矩陣」的創新評量結果，得出企業在市場構面的「創新SWOT矩陣」，如圖1.9。

圖1.8市場構面的四大創新矩陣

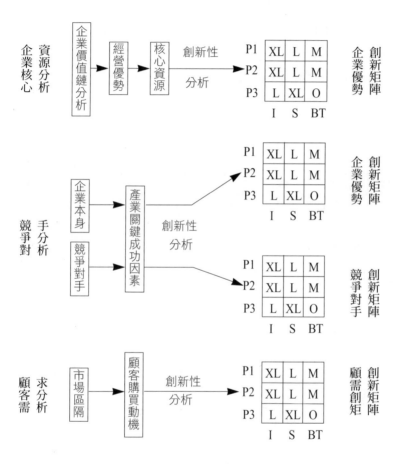

	影響種類	影響性質
	P1（Product）：產品	I（Incremental）：漸近性
	P2（Process）：製程	S（System）：系統性
	P3（Orgainzation）：組織	BT（Breakthrough）：突破性

　　由圖1.9可知，「創新SWOT矩陣」主要分成兩大部份，一是以「企業優勢創新矩陣」為基礎，再考量「競爭對手創新矩陣」與「產業優勢創新矩陣」間差異，綜合歸納所得出的企業實質競爭優勢，其評量結果表示於矩陣的右下方；另一部份則是由「顧客需求創新矩陣」所代表的外部市場機會，其評量結果表示於矩陣的左上方。

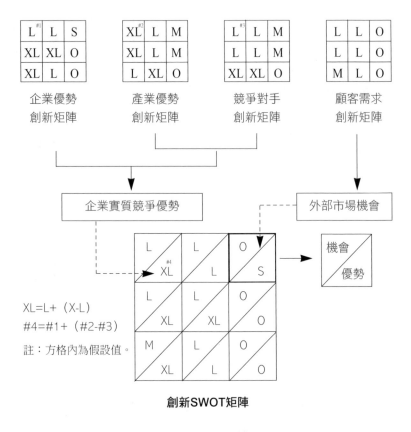

圖1.9 創新SWOT矩陣

　　在SWOT矩陣中企業實質競爭優勢的評量結果，主要是以企業優勢創新矩陣的評量為主，再加上企業本身與競爭對手對關鍵成功因素的掌握能力。若在相同創新格矩的評量中，企業本身對關鍵成功因素的掌握能力優於競爭對手（即評量強度高於競爭者），則考慮提昇相對應創新格矩的企業優勢評量強度；反之，則考慮降低評量強度。在此綜合分析的SWOT矩陣上，評量強弱的判斷標準，除了統計的計量分析外，尚包括評量者對企業本身及產業現況的瞭解，所採取的主觀與一般性的判斷。

　　由「創新SWOT矩陣」的分析，我們可清楚地表示出市場構面完整的分析結果─由左上方瞭解外在市場需求程度，右下方瞭解企業本身的實質競爭優勢，再由兩者的差異性大小可看出外在機會與內部優勢的配合程度。並可由創新種類、性質的分類衡量，而使經營者清楚地瞭解企業在不同經營管理層次（產品、製程、組織）及創新性質上（漸進式、系統式、突破式）的經營優勢，與外在顧客需求的市場機會。

■差異性矩陣

　　差異性分析的主要目的，在於確認企業所建立的遠景、使命、目標及策略，是否能配合現階段企業的資源、能力，及掌握外在環境的機會。企業經營者，可依據其對組織使命、目標的瞭解，以及企業未來的發展策略來進行創新性分析，而得出企業的「策略意圖矩陣」，如圖1.10所示。

　　由「差異矩陣」的分析結果，可協助企業經營者預先明白策略規劃的有效性，降低未來營運的風險，並可事先修正與擬定出最適合組織發展的策略方案。

　　在上述差異矩陣的評量分析上，若評量結果為正（大於

零），則表示現階段企業的策略意圖大於組織所擁有的核心資源或外在的市場機會，代表企業野心過大；反之，若評量結果為負（小於零），則表示策略目標過於保守而未能充份發揮組織的實質競爭優勢或掌握市場機會；若評量程度為零，則表示策略目標與企業能力或市場機會均能配合一致。

此外，在評量結果的差異程度上，若差異程度在±1之間，代表目前策略目標與企業能力或外在機會，尚能配合一致而無明顯的策略性過失；反之，若差異性程度大於＋1或小於－1，則代表現階段在企業目標或策略意圖的擬定上並不適當，而無法充發揮組織能力或掌握外在機會。經營者必須藉由策略目標的提昇或降低，或企業核心資源的持續累積來使策略目標與內外環境達到最佳的配合。

創新矩陣的分析結果，提供企業經營者一個衡量組織策略目標的分析工具，不但可藉此瞭解組織所擁有的實質競爭優勢，與外在機會，更可驗證與評估策略目標的有效性，而藉此制定出最佳化的策略方案。

策略意圖矩陣－創新SWOT矩陣＝差異矩陣

差異矩陣評量涵義

評量結果大於零（＋）：表示企業策略意圖大於外在機會或本身所擁有的實質競爭優勢。

評量結果小於零（－）：表示未能充份發揮企業所擁有的核心資源或未能充份掌握外在市場機會。

圖1.10　市場構面之差異性矩陣

■統計方法與問卷假設

　　透過專家及公司高階主管的問卷訪談的方式取得統計資料，所以採用，小樣本T檢定或無母數檢定（K-W, M-W）。且相關問卷皆以LIKERT五點量表評量，使用SPSS統計軟體。在此將統計方法概略說明。

　　1.問卷調查和整理評量結果：

　　樣本數小於30。問卷發放對象，包括個案公司員工（含企業核心資源問卷、產業關鍵成功因素問卷、策略意圖問卷）、個案公司的競爭者員工（產業閱鍵成功因素問卷）、個案公司的顧客（顧客需求問卷）。

　　2.建立各項創新矩陣和統計檢定：

　　(1)在企業核心資源、產業關鍵成功因素問卷、策略意圖問卷、顧客需求問卷評量部份：將創新矩陣視為Two-Factor Repeated ANOVA，將影響種類與影響性質視為兩因子，各自有三種因子水準，形成九種處理，並假設樣本資料服從以下之假設：①每一個處理所對應之機率分配皆為常態分配；②各常態母體變異數皆相等；③所有樣本皆為隨機取得，且彼此獨立。對九宮格內的每一格進行該格平均（X_{ij}用以估計μ_{ij}）與九宮格整體平均（X_{ij}用以估計μ）之T-test，用以找出九宮格內相對顯著的部分，並進行說明與解釋。

　　(2)在差異性矩陣的部分：將差異性矩陣分成兩大部分：包括「策略意圖v.s.創新之OT部分（顧客需求）」與「策略意圖v.s.創新之SW部分（實質競爭優勢）」，加以進行無母數之Mann-Whitney Test，檢定是否有顯著之差異，並就有差異的部分進行解釋。

IC代工篇

●模式實證●

聯電的競爭優勢策略分析

將代工業務轉變成為專業、核心事業
是台灣業者首開先例。
在台灣業者用心經營下,
代工已成為台灣IC產業的最大產值貢獻來源,
也是台灣少數幾項IC產品,
全球市場占有率能居於世界領先地位,
且最具國際競爭力的事業。
台灣首創專業晶圓代工的經營模式,
在1999年佔全球IC產值12.5%的驚人成就,
到2005年估計可達20%。

走向專業代工IC的群組

　　未來五年IC（半導體）應用的需求變化並沒有很顯著的不同，以資訊應用為最大宗占50%，1999年其市場規模大約760億美元；其次是應用在通訊產品占21%，1999年市場規模約380億美元；消費性應用占13%，1999年市場規模大約210億美元。

　　1999年IC產品比重如**圖2.1**，微控制元件（Micro 36%）、邏輯元件（Logic 16%）、記憶體元件（Memory 22%）、類比元件（Analog 15%）、其他（Others 12%）。微控制元件的新主流為數位訊號處理器（DSP）與微控制器（MCU），1999至2002年間將有13%的平均成長幅度，成為微控制元件最受矚目的明星產品。隨著網際網路、低價電腦的發展趨勢，預計使動態隨機存取記憶體（DRAM）出貨數量增加，1999至2002年約有21%的平均成長幅度。在無線電話、數位相機及個人數位助理（PDA）等可攜式資訊家電的熱賣驅動下，估計未來3年將有平均22%的高度成長。在強勁的網際網路基礎設備及電動遊樂器等需求拉抬下，1999至2002年將維持25%的大幅成長。類比元件的通訊寵兒混合訊號（Mixed Signal）IC在無線通訊晶片整合的快速成長趨勢中，1999至2002年的平均成長率將可達30%。

圖2.1產品型態

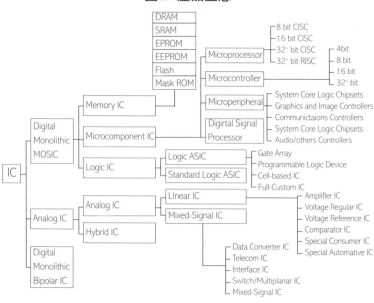

資料來源：工研院電子所ITIS計劃，1998/4

　　西元2000年IC體產業會因為網際網路（Internet）的風潮和專業晶圓代工業者持續地壯大 ，以及專業IP供應業者的興起，進入第三次變革（Dis-integration + Virtual Cooperation），以服務領導整個產業發展，如圖2.2、圖2.3。

代工市場的顧客分析

■客戶類別

　　需要代工服務的客戶分成三大類，第一類是本身不具有晶圓廠的IC設計公司，他們主要以設計、開發IC產品為主要業

圖2.2　IC變革一

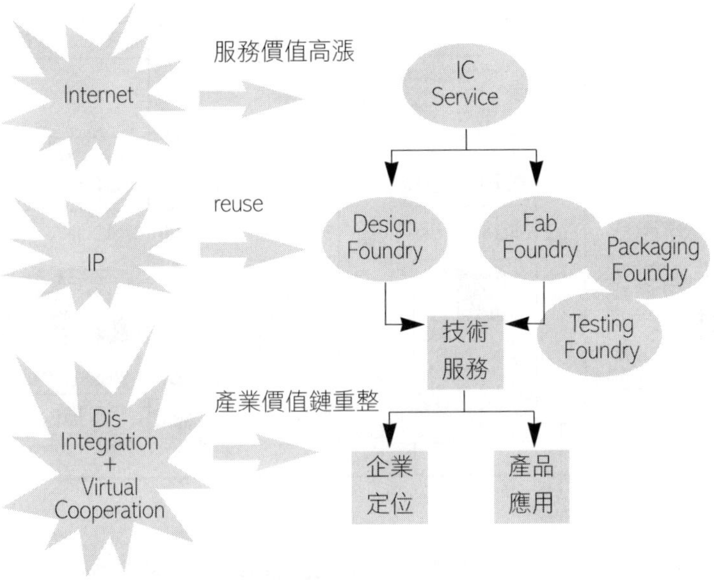

資料來源：工研院電子所ITIS計劃整理，1999/4

務，多數業者也以自有品牌在進行銷售，如威盛、凌陽等公司。第二類整合元件製造公司（IDM），他們自己擁有自己的晶圓廠，並且以設計、開發、生產、銷售自有品牌IC做為主要業務，如IBM、華邦。第三類則是系統或次系統業者（System or subsystem company），這些公司主要包括以設計、生產、銷售如個人電腦、週邊系統、各種附加卡、通訊器材及消費性電子等業者，如Compaq、Ericsson、任天堂等。

■客戶地理分佈

ＩＣ設計公司（Fabless）大多集中在美西，因此美國是主要的代工市場所在，近幾年均在七成左右，日本是第二大IC市

圖2.3　半導體變革二

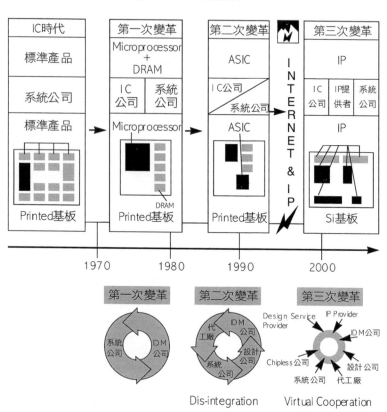

資料來源：工研院電子所ITIS計劃整理，1999/4

場所在地，約佔12％，Fabless公司不是日本的主流，IDM業者基於成本考量，會向外尋求外包代工服務，如Fujitsu、Hitachi，因此在代工市場的區域別比重排名上，僅次於美國，不過相較於美國已是小了許多，大約是美國的六分之一。

上下游的價值與成本

圖2.4 IC上下游價值/成本

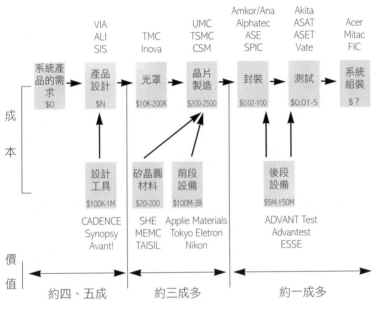

資料來源：ITIS，1999/4

　　若以IC生產流程來看，中游「晶片製造」所占的成本比重中最高，但在價值鏈上卻不是。像美國的許多業者便集中心力在這段價值鏈中比重最大的地方，如**圖2.4**，掌握價值鏈中最值錢的系統規格、系統整合、IC設計等部份。因此在全球的IC競爭舞台上，美國業者仍舊是最具競爭力的國家，是全球IC市場產品、技術的主導力所在。

為何要爭取IDM訂單？

　　根據ITIS1999年8月份的報告，IDM公司其產值占全球所有IC產品產值的93%，相較於Fabless公司的產值僅占市場的7%，

因此就代工廠的立場來看，IDM的訂單自然是廣大的潛在市場，只要IDM公司願意把產品訂單釋出一部份，那麼整體代工需求市場的規模，就會立即跳升數倍，其影響深遠，如果再加上代工者本身因產能急速增加，而需要更大的訂單溢注的話，IDM業者的動態就更值得注意。根據圖2.5,Fabless Semiconductor Association預估2012年IDM與Foundry比例將各占50%。

代工產業成長的主要驅動力

由於代工業的製程技術經過代工業者多年的用心經營與學習，與IDM公司的製程技術相差無幾，見圖2.6。在製程技術相同的情況下，IDM公司基於成本與核心資源的考量，將產品訂單釋出20~30%委託外包代工。在未來幾年Fabless也將呈現12%的複合成長，系統業者也自行設計自己所用的IC，再加上新的應用不斷增加。從上述驅動成長的因素，可預見代工業將呈現大幅的成長。

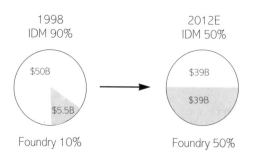

資料來源：UMC GROUP 1999

圖2.5 晶圓代工與IDM比例

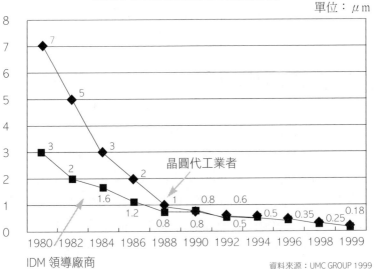

圖2.6 IDM與晶圓代工製程比較

單位：μm

資料來源：UMC GROUP 1999

以資本支出評估生產製造能力

　　資本支出可以作為評估生產製造能力（產能、製程技術）的一項重要指標，更是攸關其未來的競爭力強弱。美、日、歐三地業者，除了在其母公司所在地持續投資之外，均是把亞太地區當作是投資建立生產基地的第二個主要所在。這也就是為何亞太地區會成為近年來全球IC產值成長最快的地區了，全球前三大晶圓廠（台積電、聯電、特許Chartered）皆在亞太地區，佔了全球的六成以上的市場，足以顯示亞太地區的重要性。不僅台灣把自己定位成生產製造基地，連美、日、歐三地業者也是如此在塑造亞太地區成為主要的海外生產據點所在。IC Insight發表1999年IC業者半導體部門營收及投資動向顯示，IC資本支出

部份亦由英特爾稱霸，1999年投入金額為33億美元，聯電集團投入30億美元，台積電投入25.6億美元，**圖2.7**顯示只有台灣呈現資本支出增加之趨勢，其他區域呈下降比例。

借力使力的策略聯盟

單靠一家公司的實力，很難與國際大廠相競爭抗衡。例如從前建一座四吋晶圓廠僅需兩億美元，至今建一座八吋廠至少要12億美元的花費，十二吋廠更可高達30億美元以上；在產品研發上，以韓國Samsung開發DRAM產品為例，在開發64K DRAM時，耗時10個月，耗資7.3億韓元。而在開發64M DRAM時，必須耗時26個月，投入的開發成本更高達1200億韓元。無論就投入的時間及金錢，或就建廠，或就開發新產品來看，其增加的幅度恐怕已不是單一家公司所能負擔的，更何況還有種

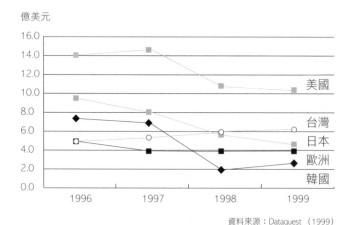

資料來源：Dataquest（1999）

圖2.7 全球IC資本支出

種的風險及不確定性。因此大多數公司必須靠策略聯盟,借力使力以培養自身專業化的能力,及擁有其他互補的資源支援,而取得有別於同業的競爭優勢。

　　從圖2.8中看出,合作方式分為「合資生產」與「技術合作」兩大類,技術合作仍佔多數,至於合作產品主要是以邏輯產品居多。台灣與美國業者的合作,偏重在邏輯產品相關的生產製造;台灣與日本合作則偏重於技術移轉,特別是DRAM產品上。如三菱(Mitsubishi)與力晶、東芝(Toshiba)與華邦、富士通(Fujitsu)與世大等DRAM產品合作案。

全球IC產業趨勢

　　資訊家電(Information Appliance)時代的來臨,3D多媒體、寬頻行動通訊、Internet寬頻的風潮以及可攜式的潮流驅動著高

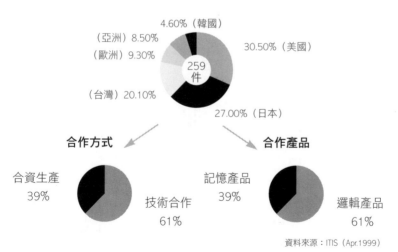

資料來源:ITIS(Apr.1999)

圖2.8 全球IC產業策略聯盟與合作

科技產業蓬勃發展，相對也帶動IC產業的快速成長。與網路連結相關產品的晶片設計，主要是集中在集線器、交換器等區域網路產品及一般個人使用者上網所需的遠端接取裝置。可攜式產品藉由半導體製程技術的進步，可生產功能強大的SOC（System on Chip）單晶片，使重視輕、薄、短、小概念的可攜式資訊家電問市，如PDA、大哥大上網等功能的可攜式產品。

台灣IC產業概況

　　台灣IC產業在世界上佔有舉足輕重的地位，晶圓代工方面已有台積電、聯電雙雄領導著晶圓代工的趨勢，經過一、二十年的經營，加上完整的上、中、下游配合，形成強而有效的價值鏈，這是台灣的競爭優勢，不是一時之間可以模仿得來，需要長時間的培養，這其中包括了政府的政策、法令、教育人才素質、週邊相關環境面等配合，因此造就了台灣無可取代的晶圓代工服務。

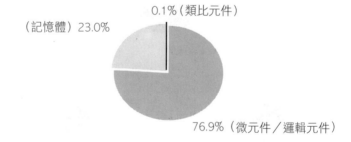

0.1%（類比元件）

（記憶體）23.0%

76.9%（微元件／邏輯元件）

資料來源：ITIS（Aug.'99）

圖2.9 我國IC代工產值比重（產品別）

表2.1　代工產值佔我國IC產業比重

年份	晶圓代工	其他
1991	8.50%	91.50%
1994	33.10%	66.90%
1998	55.40%	44.60%

資料來源：ITIS，1999/8

■IC代工佔產值比例

　　由圖2.9所示，可以很明顯的看出目前產品別佔整各IC代工的比例，根據ITIS 1999年8月份統計報告指出，記憶體元件（Memory）佔整個IC代工產值的23%、微元件/邏輯元件佔76.9%強，類比元件只佔代工產值的0.1％而已。

　　由表2.1所示，可以很明顯的看出目前IC代工別佔整個IC產業的比例，根據ITIS 1999年8月份統計報告指出，1991年佔整個產值8.5%，1994年佔33.1%，到了1998年已有戲劇性變化成長到55.4%。從圖2.9及表2.1可看出近幾年來IC晶圓代工逐年成長，所佔比例逐年增加，IC晶圓代工已逐漸取代傳統行業，IC晶圓代工儼然成為高科技的代名詞，也因晶圓代工獲利率遠比一般傳統行業獲利率來得高，所以吸引了不少的投資者相繼投入這項行業，一度競爭激烈，在自然淘汰法則下，經過長時間的整合，如今已剩下台積電、聯電雙雄繼續做激烈競爭。

■我國IC產業的國際競爭力

　　1.專業化垂直分工：垂直分工創造了台灣IC代工的競爭優勢，將價值鏈加以分割，在每個區段達到經濟效率、使管理績效充分發揮，晶圓廠不需去投資週邊設備，把資金留下來做最

有效率的投資，蓋最新廠房、發展最新的製程技術，以追趕先進的歐美、日等大廠。相對的週邊相關廠商也專注於自己的技術，不斷研發相關技術，以增強自己的核心技術，創造更高的附加價值，爭取更高的利潤。反觀歐、美、日本等大廠，多年來都是垂直整合，缺乏彈性且投資過於龐大，當經濟不景氣的時候，財務就會顯得格外吃重，無法與台灣的垂直分工競爭，因此台灣的晶圓代工地位更加屹立不搖。

圖2.10可比較出各個地區的經營方式，其中美、日、韓採取行經有年的垂直整合，不管是資金、技術研發或經營管理上，已漸漸感到力不從心，無法與台灣的經營方式做競爭，因IDM等大廠將陸續釋出產能，將給台灣晶圓代工帶來另一波的高峰，同時將是考驗台灣晶圓廠的接單能力，是否能承受世界各大廠的產能，也將是台積電、聯電兩大廠的策略轉折點的最佳時機。

2.獨步全球的員工分紅入股制度：台灣的員工分紅入股由聯電公司董事長曹興誠首創，由於員工分紅入股，員工各個亦是老闆、亦是員工，因此做起事來如同自己的事業，顯得格外認真，不分你、我齊心把事情做好，因此在經營管理上較容易

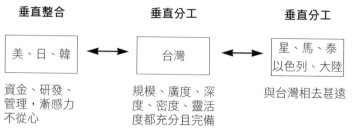

資料來源：UMC GROUP 1999

圖2.10 我國IC產業競爭力－專業化垂直代工

管理，大家有共同的信念、共同的目標與理念，形成堅強的經營團隊，因此公司整體的經營績效上，發揮相當水準的功效，同時員工的流動率得以降低，技術傳承下去，且不斷創新，成為台灣的競爭優勢。

■專業晶圓代工原因

　　IC專業代工市場可以說是台灣業者一手主導開發的，專業代工不必負擔產品銷售與研發的成本，避免產品因開發失敗而承擔風險，另一方面因代工沒有產品，委託業者不用擔心技術因此而被抄襲而成為競爭者，茲就台灣專業代工的優、缺點描述如表2.2。

■產業群聚、分工結構

　　台灣專業分工齊全，大部分分佈於台灣北部，大多集中在新竹至台北這段狹長約70公里的範圍內，特別是新竹科學園區內，少部份分佈於台中、高雄內。IC 產業大致可分為：IC 設

優點	缺點
● 具彈性且應變迅速的製造能力	● 缺乏規格領導
● 成本與控管經驗	● 通路影響力
● 優質水平作業與工程人員	● 品牌知名度
● 更有效資源利用	
● 降低週期時間	
● 多元化的顧客群	
● 最大廠能利用	
● 成長更快速	

資料來源：本章整理

表2.2 台灣專業代工的優缺點

圖2.11 台灣產業群聚與分工結構

- IC設計　115
- 光罩　5
- 晶圓製造　20
- 封裝　36
- 測試　30

資料來源：UMC GROUP

計業（Design House）、光罩（Mask House）、晶圓製造（Foundry Service）、封裝（IC Package）、測試（IC Testing）

圖2.11顯示整個台灣IC產業的分佈圖，可看出廠商的分佈與廠商的家數。

1999年底為止，國內共有32個晶圓廠（Fabs）投入生產，其中八吋廠17個。

個案背景
聯電公司簡介

　　全球IC產業正隨技術的快速進展及投資機制的轉變而產生新的變化。由於電子產品範圍廣泛,產品的功能和種類推陳出新,使晶片種類迅速增加,設計複雜度也大幅提高。

　　IC產業為支援龐大的下游電子終端產品需求,專業晶圓製造服務必須及早提供新一代製程技術服務,協助客戶早日完成晶片開發,搶奪市場先機。

　　目前台積電在營業額方面仍居於領先地位,聯華電子(以下簡稱「聯電」)在過去三年的努力經營下,營業額已逼近台積電。排行第三的Chartered公司則遠遠落後。往後幾年的競爭,仍將呈兩雄並峙的局面。

　　綜觀聯電的成長經歷,可以用下列五點對它做一速寫:

　　1.IC製造有20年的經驗;

　　2.全球成長最快的晶圓代工廠;

　　3.晶圓代工技術領導者;

　　4.1999及1998為晶圓代工資本支出的領導者;

　　5.2000年1月3日五合一生效。

表2.3 台積電與聯電在經營策略上的比較

	聯電（UMC）	台積電（TSMC）
策略	● 購併 ● Joint Venture ● 運用財務槓桿 ● 接近日本市場（NFI） ● 經營手段靈活與彈性 ● 曹興誠重謀略 ● 曹興誠深謀遠慮 ● 購併新日鐵（NFI） ● 聯電集團五合一 ● 南科大規模設廠 ● 與日立合建12吋晶圓廠	● 群聚方式 ● 獨資 ● 財務槓桿較保守 ● 接近美國市場（Wafertech） ● 經營手段講求專業化與堅持 ● 張忠謀重策略 ● 張忠謀重視形象 ● 進軍新加坡 ● 入主德碁 ● 南科大規模設廠 ● 購併世大 ● 世界先進納入代工
CEO之 世界觀	● 績效至上 ● 競爭力第一	● 建立世界性公司 ● 具有全球性影響力 ● 夠大的規模 ● 有聲譽及同業的肯定

業務內容

■主要業務

專業晶圓製造整合服務。

■服務項目

從事專業晶圓製造服務，以全方位客戶服務為主軸，依客戶個別需求提供嵌入式積體電路設計、光罩製作、晶圓製造、測試等服務項目。

■計劃開發之新商品

　　晶圓製造在整個積體電路生產流程中是技術層次最高的一環，在經營團隊長期努力下，晶圓製程水平不僅和全球各大IC業者同步，更領先同業跨入先進的深次微米技術。86年第四季開發出0.25微米製程技術，88年第一季更完成0.18微米技術，充分展現出公司的研發實力，而效率化生產管理，更縮短晶圓製造時程，協助客戶快速將產品導入市場。

產銷概況

■主要產品銷售地區

　　目前大部份的客戶是以北美及亞太地區為主。未來將致力於歐洲及日本地區重點客戶的開發，藉著分散客源，達到分散風險的目的。

■市場占有率

　　根據美商市場研究調查公司迪訊（Dataquest）的統計，1998及1999年晶圓代工的市場值為6.3億美元及5.3億美元，聯電的市場佔有率約在10~15%之間。

■市場未來供需狀況

　　根據美商迪訊及世界IC市場統計（WSTS）之最新預測，全球IC市場的成長率將介於12%至15%之間，IC產業景氣應有自谷底回升的跡象，預測機構普遍認為未來年全球IC市場將呈現

兩位數的成長。為因應景氣回春，國內外IC廠紛紛將產能擴充，並發展先進製程技術。

未來發展之優劣分析

■有利因素

　　1.與國際大廠策略聯盟，取得長期穩定的訂單，並有堅強的經營團隊，配合傑出的產銷政策——因應客戶產品調整製程，再加上先進的製程研發和積極的業務開發能力，得以展現優異的經營績效。

　　2.晶圓代工市場蓬勃發展，聯電以專業晶圓製造為定位，在積體電路設計與製造明顯分工趨勢下，全世界對晶圓代工需求將快速成長，此為聯電未來機會之所在。

表2.4 聯電歷年毛利率表

年度	毛利率（%）	說明
85	43%	·86年度因同業廠商持續擴充產能，市場供過於求，產品價格大幅下降，故86年度毛利率較85年度下降30%。
86	30%	·87年度因全球半導體景氣低迷，產品價格下降，且產能利用率低而單位成本提高，故87年度毛利率較86年度下降20%。
87	24%	

資料來源：聯電公開說明書，1999/10

表2.5 聯電最近三年度生產量值

單位：仟粒/仟元

年度 生產 量值 商品	87年度			86年度			85年度		
	產能	產量	產值	產能	產量	產值	產能	產量	產值
晶圓（片）	701,200	525,899	6,318,820	661,000	535,400	5,546,248	574,358	516,922	3,974,878
晶方（仟粒）	11,500	8,642	233,526	214,000	173,460	589,039	171,769	167,389	751,479
裝配成品 （仟個）	263,000	197,149	8,460,274	418,000	338,443	1,845,964	294,047	286,049	9,934,761
合計	--	--	15,012,620	--	--	17,981,251	--	--	14,661,118

註1：產能係指衡量必要停工、假日等因素後，利用現有生產設備，在正常運作下所能生產之數量。
註2：各產品之生產具有可替代性者，得合併計算產能，並附註說明。
資料來源：聯電公開說明書，1999/10

■不利因素

　　美國的景氣是否持續，今日美國股市的榮景刺激的消費，護住了景氣，如果這方面轉壞的話，將影響美國經濟，且牽連亞洲經濟的復甦，遲滯IC的成長。

營運狀況

　　聯電2000年之毛利率將近有50%的實力，而營益率更可進一步提升到38%的實力。

五合一策略

　　過去IC產業以一貫化作業模式為主，從設計、晶圓製造至封裝、測試均由IC廠自行完成，但在IC技術逐漸成熟，及市場急速擴大後，專業設計公司紛紛成立。由於IC產品週期短，使得生產設備使用年限減少，加以晶圓廠投資金額龐大，早已非

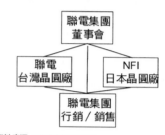

圖2.12 合併前的聯電　　圖2.13 合併後的聯電

資料來源：UMC GROUP 1999　　　資料來源：UMC GROUP1 999

規模有限之IC設計業者所能獨力承擔，故無晶圓廠之專業設計公司即須仰賴代工廠之產能，專業設計公司與專業代工服務公司結盟此種垂直分工方式，逐漸成為IC產業之發展主流。有鑑於此，聯電公司乃以其具有發展成熟之晶圓製造技術，於1995年與世界上擁有充沛資金之IC設計公司合資成立聯誠、聯嘉、聯瑞公司，專業代工生產晶圓，而這些IC設計公司也同時成為聯誠、聯嘉、聯瑞之主要銷貨客戶，透過此種方式使彼此間之產能供需均能獲得保障，且在投入較少資金並可掌握銷貨客戶之前題下，亦使聯電公司之轉投資風險大為降低，並達成其擴大晶圓代工市場規模之目的。

■五家公司目前狀況

　　1.聯電公司：目前產能滿載且製程技術領先，未來新廠營運可期，無論在經營現況、營運規模、技術層次．未來發展條件均有較佳優勢，故在合併換股比例議定上相對較具利基。
　　2.聯誠公司：目前經營狀況為合併各公司營運績效最佳者，惟已達最高產能狀態，短期內無法立即擴產，但長期發展應屬明確，在考量短期內發展條件相形受限。

3.**聯瑞公司**：自遭受火災後，因去年IC產業不景氣致其復工時程有所延滯，目前景氣回升，復工已加速進行，預計於88年底裝機，89年第一季試產，月產能預估可達3萬1千片，製程技術可達0.15微米，因此未來之競爭力及現金流量為合併各公司中較佳者，目前尚未投產，故未來不確定性仍高。

4.**聯嘉公司**：由於營運已初具規模，逐月獲利中，今年底月產能將達2萬5千片，技術層次亦佳。

5.**合泰公司**：自87年下半年度始規劃轉型為晶圓代工廠，其於八吋廠開始營運後，生產及技術狀況尚未臻理想，目前在聯電公司製程技術移轉及工程人員協助後已日漸改善，與其他合併各方相較製程技術仍有差距，未來發展仍有賴聯電公司予其協助或支援，未來發展前景方屬明確。

■合併的優點

1.**財務方面**：聯電公司之財務狀況歷年來均相當穩健，截至88年6月底止，其資產總額為106,526,475仟元，負債比率為

- 以團隊的力量爭取集團的最大利益。
- 財務報表更加透明化。
- 資源的共享。
- 決策速度加快。
- 對供應商有更強的議價實力及支援。
- 營運更具效率。
- 更佳的產能規劃。
- 單一客戶介面提供更好的服務。
- 企業文化同質性高，合併容易。

資料來源：本章整理

表2.6 聯電五合一優點

19.88%。而在合併之後，除可集中資金做最有效之統籌運用，發揮財務營運的效益外，亦可大幅減少與消滅公司間之關係人交易，增加其財務透明度，對其未來不論是舉債議價或海內外籌資能力，皆能有相當之助益。另藉由資源整合與集中運用，除避免重覆支出外，亦可因其經營效率之提升而增強獲利能力，且在資金運用之彈性增加下，財務調度更趨靈活。故對於需不斷投入龐大資金以維持競爭力之IC產業而言，該公司本次之合併計畫將使其財務結構更趨穩健，降低企業財務風險。

2.**技術方面**：聯電公司在先進製程技術開發上一向不餘遺力，除0.25微米已開發完成之外，並在0.18微米等先進製程技術之開發獲得豐碩成果。而合泰公司、聯誠公司、聯嘉公司及聯瑞公司之製程技術亦可推進至0.25微米及0.18微米。藉由本次合併將可在研發及技術開發上互享彼此之智慧與經驗，並進一步整合研發團隊，以共同開發更先進之製程技術。且於合併後對於研發經費與設備之集中投資，亦可加速製程技術開發之時程，擴大先進技術之領先地位。

3.**產銷方面**：晶圓代工因上游之晶圓設計公司及國際垂直整合元件（IDM）大廠持續釋出訂單之影響下，在DRAM跌價風暴中仍能維持一定的獲利能力，且依Dataquest預測1999年及2000年全球晶圓代工產業仍有14%及39%之成長率。而聯電公司目前計有一座六吋晶圓廠以及一座八吋晶圓廠，88年晶圓之預計產量為766,527片，正在興建中的五廠預計於明年開始量產，其可提供給客戶之產能有限。於合併後聯電公司可立即增加一座五吋晶圓廠及三座八吋晶圓廠，再加上聯瑞公司之8吋晶圓廠預計於今年底完成復工，明年度可開始量產，因此預計於合併後，除立即可大幅提升聯電公司之產能以符合市場大量

而即時之需求外，同時在設備、技術與人員等資源共享的綜效下，更可加速晶圓廠之量產速度並且提升晶圓廠生產之效率。且在不同製程產能之統籌規劃下，更可擴大產品組合以滿足市場多樣化之需求。

4.企業資源整合方面：聯電、聯誠、聯瑞、聯嘉、合泰等五家公司均為專業晶圓代工製造，藉由合併可將各公司之人力資源加以整合，以結合成一更有效率之團隊；並對各生產設備及技術做最有效率之規劃及調配，使其發揮最大之邊際效益，為公司創造最大之附加價值。故透過各公司資源之整合，將能增進企業整體之經濟效能與利益。

5.企業文化與管理制度：企業購併成功與否，除了必須顧及市場面、法律面等企業外部環境外，尚須兼顧存續公司與合併公司之企業文化與管理制度等企業組織氣候問題，方能確保購併案件之成功，確實發揮企業資源整合之綜效。本合併案之五家公司，原即隸屬聯電企業集團，有相同之企業領導人，並同樣從事晶圓代工業務，而廠房亦同處新竹科學工業園區，在研議本合併案之前，該五家公司及人員皆以隸屬聯電集團自居，而一般社會大眾亦以此視之。因此，無論企業文化或管理制度，參與該合併案之五家公司同質性皆相當高，而員工之心理認同度上，亦有相當高一致性。

6.產銷能力：聯電公司自成立以來，已累積多年之擴廠經驗及技術能力，對廠房之管理亦具相當之成效，並以其所累積之經驗及能力，協助合泰公司、聯誠公司、聯嘉公司及聯瑞公司建廠、擴廠及推升其技術水準。故本項合併案雖使該公司加計即將完工量產之廠房，由三座擴增至八座，然在該公司已具備產能統籌規劃能力下，將可儘速完成產能之整合，以投入市

場。而在產品銷售方面，本次參與結合之公司自量產以來，各已建立其銷售規模，且鑑於IC設計公司及國際IDM大廠持續釋出訂單情形，本次合併案除可於原有之基礎上銷售外，另可藉由產能之結合，以具規模之銷售組合，提升其國際競爭力。

■合併必要性

1.研發技術：IC產業的核心價值在於技術，擁有足夠的技術研發能力已成為維持公司成長與避免侵犯他人智慧財產權之重要因素。而為配合IC產業的技術不斷提升，晶圓代工廠商在製程技術上亦須不斷創新與開發，與世界大廠同步成長，方能維持其市場競爭力。故聯電公司辦理合併正可整合參與合併之各公司研發設備及技術人員，互享彼此之智慧與經驗，進一步整合研發團隊，配合IC集積度的提升，開發更先進之製程技術及創造更多有用的智慧財產，以提升與國際大廠競爭的實力，應有其必要性。

2.降低經營成本：聯電、合泰、聯誠、聯嘉、聯瑞五家公司合併後，可避免人力、支援設備及研發之重覆投資，將事業組織與管理做更合理及有效率之規劃與運用。此外，經由組織之整合以避免管銷成本浪費；在技術開發上可藉研發人力及設備之整合與經費上共同投資來降低研發成本；另可在機器設備及生產調配上做更佳之規劃，使各晶圓廠之設備使用效率提昇。且合併後更可大幅發揮規模經濟效益，進一步降低生產成本，而於晶圓廠投資成本高漲的未來，維持良好的競爭能力。

3.因應國際潮流，提升市場競爭力：近年來國際市場競爭激烈，各先進國家之大型跨國性事業紛紛透過策略聯盟或合併等方式整合市場資源，以提升其整體之國際競爭力。經由五家

公司合併後，將可改變原先各公司獨自發展，無法整合發揮更大經營績效，甚至有相互抵銷之虞的情形。相對於國際市場IC廠商日趨大型化，合併後將可快速提升其國際競爭力。

4.**掌握市場契機**：1999年上半年IC產業已有逐漸復甦跡象，而據Dataquest之預測，2000年全球晶圓代工市場將有高達39%之成長率，可見未來晶圓代工市場需求仍大。聯電公司目前興建中之五廠預計至明年開始量產，對明年之產能提升貢獻有限。經由吸收合併四家公司後，聯電公司可立即增加一座五吋廠及三座八吋廠，且聯瑞公司之晶圓廠亦預計可於今年底完成復工，預計合併後可立即大幅提升聯電公司之產能。且在設備、技術及人員等資源共享之效益下，更可提升晶圓廠之生產效率，技術與客戶服務水準亦可進一步提升，將有利聯電公司掌握此一市場成長之契機。

5.**維持競爭力**：鑑於IC產業成長快速，且競爭激烈，如何提升企業經營效率、降低經營成本、並在研發技術上不斷創新開發，實為IC業者維持競爭力之重要因素。

■合併後預計產生效益

1.**擴大產銷規模**：目前聯電公司共有6吋廠一座及8吋廠二座（其中一座預計於89年開始投產），而合併後，可再立即增加5吋廠一座及8吋廠四座（其中聯瑞公司之晶圓廠預計於89年開始生產），若僅就各公司88年預估量產規模，而不計入尚未完工生產部分及預計提升之產能，則聯電公司於合併後，其晶圓之量產規模即可自每月78,000片提升達每月之179,000片。產能可立即且大幅度之擴增，大幅提高其接單能力。

2.**降低成本、提高獲利能力**：聯電公司在合併後，不僅產

表2.7 合併後產量

公司	廠房	量產規模	現行生產可達技術層次	研發製程技術水準	目前營運狀況及未來發展
聯電	6吋廠1座 8吋廠2座 （1座裝機中）	6吋月產45仟片 8吋一廠月產33仟片 8吋二廠月產31仟片（88年底完工試產）	6吋： 0.5μm 8吋： 0.18μm	0.15μm 0.13μm 銅製程 0.15μm	產能滿載且製程技術領先，未來新廠營運可期。
聯誠	8吋廠1座	月產35仟片	0.18μm	0.15μm	產能滿載，營運良好，惟短期擴產受限，但長期發展應屬明確。
聯瑞	8吋廠1座	月產35仟片（88年底裝機完成，89年第一季試產）	--	0.15μm	復工雖然已加速，然目前並無實際生產運作，未來不確定性略高。
聯嘉	8吋廠1座	月產17仟片（計畫年底提昇至月產25仟片，89年月產31千片）	0.18μm	0.18μm	營運已達損益兩平，開始逐月獲利，營運已初具規模，未來狀況尚屬明確。
合泰	5吋廠1座 8吋廠1座	5吋月產34仟片 8吋月產15仟片（計畫提昇至35仟片）	5吋： 0.7μm 8吋： 0.25μm		8吋廠生產及技術已見改善，惟未來發展仍有賴聯電公司予其協助或支援。

資料來源：聯電1999年10月公開說明書

能大幅擴充，產品線亦將更完整。而其各製程產能擴增後，將可使各生產線做更彈性適當之調配，提升各工廠之設備使用效率，亦可經由量產規模擴大之經濟效益，進而降低生產成本。而聯電公司合併後可取得被合併公司原有之客戶及訂單，銷貨收入將大幅增加，而其銷貨成本上揚幅度可望在前述降低成本之效益下，低於銷貨收入增加幅度，而能有效提升毛利率。

另合併後，可將企業組織及管理做更合理及有效率之規劃。在行政資源的統籌運用下，將可避免管理、人員、設備及研發等成本之重複投入，提升企業經營效率，降低非必要之費用支出，以提升營利率。

3.**健全財務結構**：聯電公司合併合泰公司、聯誠公司、聯嘉公司、聯瑞公司後，可將資金集中做最有效之統籌運用，增加資金運用之彈性，使財務調度更趨靈活。對於需不斷投入龐大資金以維持競爭力之IC產業而言，合併後將可使其財務結構更趨穩健，從而降低企業之財務風險。

聯電的競爭優勢創新分析

步驟一：問卷調查

　　首先，針對企業核心資源、顧客需求特性、企業目標及策略意圖、產業關鍵成功因素等項進行問卷調查。前四項的受訪對象為聯華電子股份有限公司（以下簡稱「聯電」）之中高階主管及其相關資深人員，回收之樣本數為24份；在策略意圖方面，有一份為無效樣本，因此共計23份。最末項的產業關鍵成功因素，係訪問台積電公司、聯電公司（資財部、業務部）、及相關IC產業公司（包括EliteMT、新思科技、聯陽、鈺創、Alliance、矽統、大眾電腦、眾晶科技、Realtech、瑞昱半導體計畫部門、合泰半導體MIS部門）進行問卷調查。回收之樣本數為51份；其中IC產業關鍵成功因素是採用《國家創新系統與創新政策分析研究——以台灣積體電路產業實證》所分析之22項IC產業關鍵成功因素作為本章之關鍵成功因素之架構。

表2.8 問卷內容介紹

問卷種類	問卷對象	回收份數	說明
核心資源	聯電	24	層級大多屬於經理、副理、工程師
關鍵成功要素	聯電 半導體廠商	51	層級大多屬於處長、經理、副理、工程師
客戶需求	Design House	24	層級大多屬於副總、處長、經理
策略意圖	聯電	23	層級大多屬於經理、副理、工程師

步驟二：資料整理、建立創新矩陣和檢定

其次，整理回收的問卷資料，計算出各項變數評量分數的平均值；再利用創新矩陣分析法，依企業的影響種類〔產品（P1）、製品（P2）、組織（O）〕和影響種類〔漸進式改變（I）、系統式改變（S）、突破性改變（BT）〕，建立「企業優勢」、「產業優勢」、「競爭對手」和「顧客需求」等市場構面的四大創新矩陣以及策略意圖矩陣，然後分別對各矩陣進行檢定。

■企業優勢創新矩陣（核心資源分析）

根據聯電公司自我評量所評量之核心能力顯示，聯電公司之競爭優勢為以下幾項：製程技術創新能力、產能使用效率、生產彈性的掌握、財務運作能力、與供應商的關係。但聯華電子股份有限公司有待加強及提昇的核心資源為員工忠誠與向心力。其評量結果如表2.9。

表2.9 核心資源評量結果

企業核心資源	影響種類	影響性質	評量強弱
1.組織結構	O	S	3.96
2.企業文化	O	S	3.96
3.人事制度與教育訓練	O	S	4.08
4.財務運作能力	O	S	4.38
5.員工忠誠與向心力	O	S	3.88
6.資訊的掌握	P1	BT	3.96
7.智財權的掌握	P1, P2	BT	4.13
8.零組件採購彈性	P2,O	I	4.13
9.與供應商之關係	O	I	4.38
10.後勤支援能力	P2,O	S	4.00
11.原物料庫存管理能力	P2,O	I	4.08
12.生產彈性的掌握	P2	I	4.42
13.生產效率的掌握	P2	I	4.50
14.製程技術創新能力	P2	I	4.58
15.目標市場的掌握能力	O	I	4.25
16.國際行銷能力	P1	BT	4.13
17.品牌與企業形象	P1,O	S	4.08
18.整合訂單管理制度	O	S	3.96
19.產能使用效率	P2	I	4.46
20.客戶服務品質	P1,O	I	4.17
21.元件設計整合	P1,P2	I	4.17

　　經上述核心能力的分析，得到聯電的企業優勢創新矩陣如圖2.14。

　　根據聯電核心資源問卷結果分析的統計檢定資料顯示，在P2＊I（製程漸進式改變）和O＊I（組織漸進式改變）兩個構面上，具有更顯著的重要性，也就是說由聯電內部的觀點而言，此兩部分的核心資源掌握地特別不錯。

圖2.14 聯電企業優勢創新矩陣

影響種類	漸進式改變（I）	系統式改變（S）	突破式改變（BT）
產品（P1）	客戶服務品質（4.17） 元件設計整合（4.17） x̄=4.17	品牌與企業形象（4.08） x̄=4.08	資訊的掌握（3.96） 智財權的掌握（4.13） 國際行銷能力（4.13） x̄=4.07
製程（P2）	零組件採購彈性（4.13） 原物料庫存管理能力（4.08） 生產彈性的掌握（4.42） 生產效率的掌握（4.50） 製程技術創新能力（4.58） 產能使用效率（4.46） 元件設計整合（4.08） x̄=4.32	後勤支援能力（4.00） x̄=4.00	智財權的掌握（4.13） x̄=4.13
組織（O）	零組件採購彈性（4.13） 與供應商之關係（4.38） 原物料庫存管理能力（4.08） 目標市場的掌握能力（4.25） 客戶服務品質（4.17） x̄=4.20	組織結構（3.96） 企業文化（3.96） 人事制度與教育訓練（4.08） 財務運作能力（4.38） 員工忠誠與向心力（3.88） 後勤支援能力（4.00） 品牌與企業形象（4.08） 整合訂單管理制度（3.96） x̄=4.04	x̄=0

影響性質

■：顯著大於整體平均水準。■：顯著小於整體平均水準。□：與整體平均水準無顯著差異。
x̄：方格內各項評量結果之平均數。

■產業優勢創新矩陣（產業關鍵成功因素分析）

　　22項產業關鍵成功因素中，聯電公司自我評量結果為：聯電公司比競爭對手（台積電公司）具有較強之資金籌措能力、規模經濟優勢與全面成本的控制能力;而與顧客建立互信基礎的能力、法規與管理能力、以及顧客教育能力這三項，聯電公司

則略遜於台積電公司。評量結果如表2.10。

產業關鍵成功因素	影響總類	影響性質	創新強弱	
			台積電	聯電
1.多元化技術掌握能力	P1,P2	S	4.55	4.25
2.市場領導優勢	P1	I	4.86	4.12
3.法規與管理能力	O	S	4.59	3.90
4.範疇經濟優勢	P1,O	S	4.16	4.49
5.元件設計的創新能力	P1,P2	BT	4.47	4.45
6.製程創新能力	P2	S	4.73	4.39
7.研發人員素質的掌握及培育能力	O	S	4.76	4.14
8.研發團隊的整合能力	P2,O	S	4.73	4.18
9.研發資料庫完整性的掌握	P1,P2	S	4.67	4.10
10.顧客教育能力	P1	S	4.39	3.69
11.製程掌握能力	P2	I	4.73	4.41
12.規模經濟優勢	P2	I	4.84	4.69
13.產品良率的控制能力	P1,P2	I	4.86	4.24
14.製造週期的降低能力	P1,P2	I	4.71	4.55
15.全面成本的控制能力	P1,P2	S	4.49	4.53
16.資金籌措能力	O	I	4.51	4.82
17.交貨穩定度的控制能力	P2	S	4.76	4.10
18.廠商技術合作關係的掌握能力	P1,P2,O	BT	4.59	4.37
19.顧客長期關係的建立能力	P1	I	4.67	4.10
20.顧客導向的產品設計與製造能力	P1,P2	S	4.41	4.27
21.與顧客溝通網路的建立	P1,O	S	4.57	4.06
22.與顧客建立互信基礎的能力	P1,O	S	4.49	3.69

表2.10 關鍵成功因素－聯電自我評量

　　在聯電產業關鍵成功要素問卷結果分析的統計檢定方面，得知除OS（組織漸進式改變）構面，其他八個構面皆具有顯著的重要性，也就是說由聯電內部的觀點來看，聯電掌握大部分的產業關鍵成功要素（圖2.15）。

影響種類		漸進式改變（I）	系統式改變（S）	突破式改變（BT）
	產品（P1）	市場領導優勢（4.12） 產品良率的控制能力（4.24） 製程週期的降低能力（4.71） 顧客長期關係的建立能力（4.10） x̄=4.25	多元化技術掌握能力（4.25） 範疇經濟優勢（4.49） 研發資料庫完整性的掌握（4.10） 顧客教育能力（3.69） 全面成本的控制能力（4.53） 顧客導向的產品設計與製造能力（4.27） 與顧客溝通網路的建立（4.06） 與顧客建立互信基礎的能力（3.69） x̄=4.14	元件設計的創新能力（4.45） 廠商技術合作關係的掌握能力（4.37） x̄=4.41
	製程（P2）	製程掌握能力（4.41） 規模經濟優勢（4.69） 產品良率的控制能力（4.24） 製造週期的降低能力（4.55） x̄=4.47	多元化技術掌握能力（4.25） 製程創新能力（4.39） 研發團隊的整合能力（4.18） 研發資料庫完整性的掌握（4.10） 全面成本的控制能力（4.53） 交貨穩定度的控制能力（4.10） 顧客導向的產品設計與製造能力（4.27） x̄=4.23	元件設計的創新能力（4.45） 廠商技術合作關係的掌握能力（4.37） x̄=4.41
	組織（O）	資金籌措能力（4.82） x̄=4.82	法規與管理能力（3.9） 範疇經濟優勢（4.49） 研發人員素質的掌握及培育能力（4.14） 研發團隊的整合能力（4.18） 與顧客溝通網路的建立（4.06） 與顧客建立互信基礎的能力（3.69） x̄=4.21	廠商技術合作關係的掌握能力（4.37） x̄=4.37

影響性質

▨：顯著大於整體平均水準。■：顯著小於整體平均水準。□：與整體平均水準無顯著差異。
x̄：方格內各項評量結果之平均數。

圖2.15 聯電之產業優勢創新矩陣

■競爭對手創新矩陣（競爭對手關鍵成功要素分析）

在台積電產業關鍵成功要素問卷結果分析的統計檢定方面，九個構面檢定結果，皆是十分顯著。

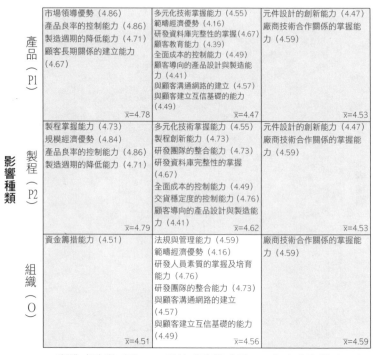

影響種類		漸進式改變（I）	系統式改變（S）	突破式改變（BT）
產品（P1）		市場領導優勢（4.86） 產品良率的控制能力（4.86） 製造週期的降低能力（4.71） 顧客長期關係的建立能力（4.67） x̄=4.78	多元化技術掌握能力（4.55） 範疇經濟優勢（4.16） 研發資料庫完整性的掌握（4.67） 顧客教育能力（4.39） 全面成本的控制能力（4.49） 顧客導向的產品設計與製造能力（4.41） 與顧客溝通網路的建立（4.57） 與顧客建立互信基礎的能力（4.49） x̄=4.47	元件設計的創新能力（4.47） 廠商技術合作關係的掌握能力（4.59） x̄=4.53
製程（P2）		製程掌握能力（4.73） 規模經濟優勢（4.84） 產品良率的控制能力（4.86） 製造週期的降低能力（4.71） x̄=4.79	多元化技術掌握能力（4.55） 製程創新能力（4.73） 研發團隊的整合能力（4.73） 研發資料庫完整性的掌握（4.67） 全面成本的控制能力（4.49） 交貨穩定度的控制能力（4.76） 顧客導向的產品設計與製造能力（4.41） x̄=4.62	元件設計的創新能力（4.47） 廠商技術合作關係的掌握能力（4.59） x̄=4.53
組織（O）		資金籌措能力（4.51） x̄=4.51	法規與管理能力（4.59） 範疇經濟優勢（4.16） 研發人員素質的掌握及培育能力（4.76） 研發團隊的整合能力（4.73） 與顧客溝通網路的建立（4.57） 與顧客建立互信基礎的能力（4.49） x̄=4.56	廠商技術合作關係的掌握能力（4.59） x̄=4.59

影響性質

▨：顯著大於整體平均水準。 ▪：顯著小於整體平均水準。□：與整體平均水準無顯著差異。
x̄：方格內各項評量結果之平均數。

圖2.16 聯電之競爭對手創新矩陣

■顧客需求創新矩陣與檢定

此部分之分析結果顯示：品質、價格、交貨速度、產品可靠度等之評量分數較高，顯示半導體製造對於品質、價格、交貨速度、產品可靠度之要求較高。其評量結果如表2.11，評量分析如圖2.17。

表2.11 顧客需求特性創新評量結果

顧客需求	平均	影響種類	影響性質
品質	4.46	P1	I
價格	4.33	P1	I
交貨速度	4.38	P2	I
設計服務	3.93	P1	S
財務考量	3.96	O	I
產品可靠度	4.37	P1,P2	S
Turnkey服務	3.89	P2,O	S

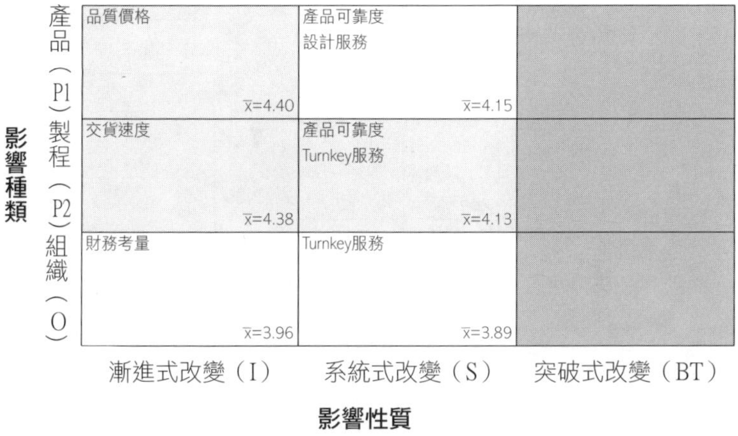

■：顯著大於整體平均水準。■：顯著小於整體平均水準。□：與整體平均水準無顯著差異。
x̄：方格內各項評量結果之平均數。

圖2.17 顧客需求特性評量結果

步驟三：創新SWOT分析

其評量結果如圖2.18。

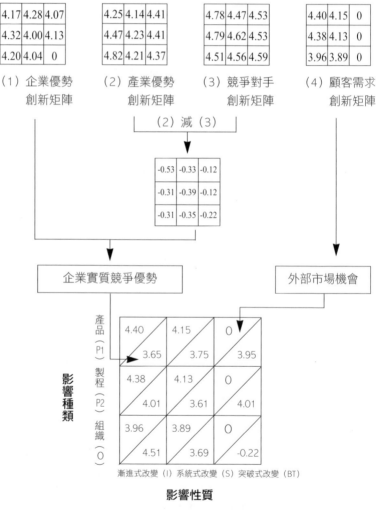

4.17	4.28	4.07
4.32	4.00	4.13
4.20	4.04	0

（1）企業優勢
創新矩陣

4.25	4.14	4.41
4.47	4.23	4.41
4.82	4.21	4.37

（2）產業優勢
創新矩陣

4.78	4.47	4.53
4.79	4.62	4.53
4.51	4.56	4.59

（3）競爭對手
創新矩陣

4.40	4.15	0
4.38	4.13	0
3.96	3.89	0

（4）顧客需求
創新矩陣

（2）減（3）

-0.53	-0.33	-0.12
-0.31	-0.39	-0.12
-0.31	-0.35	-0.22

企業實質競爭優勢

外部市場機會

影響種類	產品（P1）	4.40 / 3.65	4.15 / 3.75	0 / 3.95
	製程（P2）	4.38 / 4.01	4.13 / 3.61	0 / 4.01
	組織（O）	3.96 / 4.51	3.89 / 3.69	0 / -0.22

漸進式改變（I）　系統式改變（S）　突破式改變（BT）

影響性質

圖2.18 聯電創新SWOT矩陣

步驟四：策略意圖創新分析

　　針對聯華電子的自我評量分析顯示聯華電子設定了極具挑戰的經營目標與策略意圖，其中以「成為世界性IC半導體的專業代工製造公司」、「2000年增加兩座八吋廠，2001年12吋第一座試產」兩項目標之達成為最。其評量結果如圖2.19。

　　在聯電策略意圖問卷結果分析的統計檢定上面。除了OBT構面無影響外，其餘八個構面皆非常顯著。可見其策略意圖十分強烈。

策略意圖與企業目標	平均數($\bar{x}$)	影響種類	影響性質
世界性IC半導體的專業代工製造公司	4.74	P1,P2	I
為客戶創造競爭優勢	4.48	P1,O	S
成為製程技術領先者	4.52	P1,P2	BT
公元2000年營業達到1000億台幣，毛利率45%	4.57	O	I
2000年增加兩座8吋廠，2001年12吋第一座試產	4.61	P1,P2	S
聯電集團水平整合與垂直分工,以發揮綜效	4.48	O	S

表2.12 聯電的企業目標與策略意圖

圖2.19 聯電的策略意圖創新矩陣

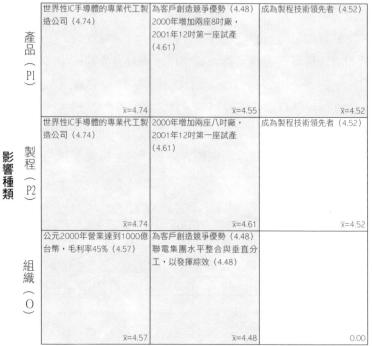

影響種類		漸進式改變（I）	系統式改變（S）	突破式改變（BT）
產品（P1）		世界性IC手導體的專業代工製造公司（4.74） x̄=4.74	為客戶創造競爭優勢（4.48） 2000年增加兩座8吋廠，2001年12吋第一座試產（4.61） x̄=4.55	成為製程技術領先者（4.52） x̄=4.52
製程（P2）		世界性IC手導體的專業代工製造公司（4.74） x̄=4.74	2000年增加兩座八吋廠，2001年12吋第一座試產（4.61） x̄=4.61	成為製程技術領先者（4.52） x̄=4.52
組織（O）		公元2000年營業達到1000億台幣，毛利率45%（4.57） x̄=4.57	為客戶創造競爭優勢（4.48） 聯電集團水平整合與垂直分工，以發揮綜效（4.48） x̄=4.48	 0.00

影響性質

■：顯著大於整體平均水準。■：顯著小於整體平均水準。□：與整體平均水準無顯著差異。
x̄：方格內各項評量結果之平均數。

步驟五：差異性分析

　　圖2.20為聯電之差異矩陣分析圖。圖2.22為差異性矩陣彙總說明。在聯電的差異矩陣分析方面，同樣為了避免可能由於問卷的異常邊緣值，而產生的的偏差判斷所導致的錯誤結論。在此以統計雙樣本的t-test的方式，來檢定「策略意圖創新矩陣

圖2.20 聯電之差異矩陣分析圖

（1）策略意圖矩陣 － （2）創新SWOT矩陣 ＝ （3）差異矩陣

4.74	4.55	4.52
4.74	4.61	4.52
4.57	4.48	0

－

| 4.40╱4.15╱ 0╱ |
| ╱3.65 ╱3.75 ╱3.95 |
| 4.38╱4.13╱ 0╱ |
| ╱4.01 ╱3.64 ╱4.01 |
| 3.96╱3.89╱ 0╱ |
| ╱4.51 ╱3.41 ╱0.32 |

＝

| 0.34╱0.40╱4.52╱ |
| ╱1.09 ╱0.80 ╱0.57 |
| 0.36╱0.63╱4.52╱ |
| ╱0.73 ╱0.97 ╱0.51 |
| 0.6╱0.73╱ 0╱ |
| ╱0.06 ╱1.07 ╱0.32 |

註：（＋）值表示企業野心太大，企業目標與策略意圖大於外在機會或企業本身所擁有的資源能力。
　　（－）值表示企業過於保守，未能充分發揮企業優勢或未能充分掌握外在機會。

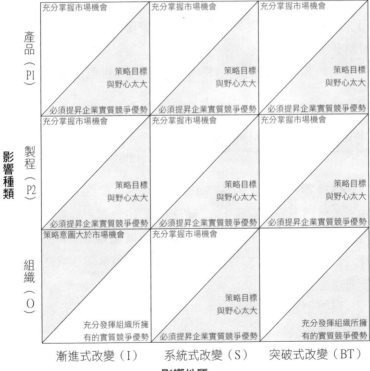

<!-- 差異性矩陣彙總說明圖 -->

■：顯著大於整體平均水準。▨：顯著小於整體平均水準。□：與整體平均水準無顯著差異。
x̄：方格內各項評量結果之平均數。

圖2.21 差異性矩陣彙總說明

減創新SWOT矩陣」所做出來九項構面的數值差值，在信賴水準＝0.05之下，是否具有顯著的不同；亦即聯電之策略意圖與外在SWOT的差距，是顯著或是不顯著。

　　在OT的分析方面，採取以「聯電之策略意圖」樣本結果與「顧客需求」樣本作雙樣本之檢定，結果發現，在O＊I、構面，聯電之策略意圖與其機會（O）、威脅（T）有顯著差異。至於在SW的分析方面，採取以「聯電之策略意圖」樣本結果，與「聯電核心資源」、「產業關鍵成功因素創新評量彙總」之相加值結果，作雙樣本之檢定，結果發現，除O＊I外，聯電之策略意圖與其優勢（O）、劣勢（T）有顯著差異。換言之，本章之結論建議必須針對這些顯著差異構面進行競爭優勢策略建議。

步驟六：結論與建議

　　根據圖2.20可以看出來聯電除了組織系統性O＊I活動外，在組織目標與策略意圖上，都超過現階段企業所能掌握之競爭優勢。顯示聯電對市場及組織的未來發展遠景充滿希望，且根據圖2.21之左上角之OT部分可以看出來聯電除了O＊I之外，皆充分掌握市場機會。

　　根據創新矩陣策略分析，經由問卷回收t檢定分析之後作成結論與建議如下：

　　在左上角OT部分，由統計結果可以發現，聯電在O＊I構面，策略意圖明顯大於市場機會，顯示聯電財務槓桿宜趨向保守。而在右下角SW部分，由於在填答問卷的時間，聯電尚未施行五合一，因而產生其策略目標與野心過大的結果。因此在

P1＊I、P1＊S、P2＊S、O＊S構面，聯電後來的五合一動作，正可以充分提升其核心資源，以更符合其策略意圖。此一動作不但可以將聯電集團內部之人力、物力、財力、設備、組織資源加以利用，減少重複投資之外，更可以改善其成本控制能力，進而加強其市場上之領導優勢。此外，五合一之動作將聯電集團之研發團隊整合起來，除了能夠降低研發成本、整合研發資源之外，更渴提升本身之製程創新能力。

另外，在右下角SW的P1＊BT、P2＊I、P2＊BT構面，聯電可以加強其建構虛擬晶圓廠（Virtual Foundry）的動作，並建立虛擬供應鏈系統，以提高客戶服務品質、加強與顧客之溝通網路、提升交貨穩定度、增進企業形象、並且有利於與顧客長期關係之建立。此外，聯電亦可加強與IDM之策略聯盟，尤其在未來IDM明顯釋放訂單的趨勢下，聯電可藉此爭取更多產能，並獲取更先進之技術。

因此，針對創新矩陣分析之結果，歸納結論與建議如下：

1.聯電集團五合一加上併購日鐵是提昇競爭優勢策略：整合人力、物力、財力、設備、組織資源、減少重複．投資，並使研發團隊得以整合，使研發成本降低，研發效率提昇。

2.建構虛擬晶圓廠、eFOUNDRY及虛擬供應鏈、ECR顧客快速回應系統：強化客戶忠誠信賴，維持更佳的長期親密關係，增加製程週期降低能力，增進技術合作授權交流之發展。完整供應鏈管理，連結企業內部及外部結盟企業，發展創新方法並使市場產品、服務與資訊同步化，進而創造獨一且個別化的顧客價值鏈。

3.在Turnkey服務目前市場需求顯示逐漸減弱不需過於著力，財務考量上，聯電的財務槓桿宜趨於保守。

資訊科技篇

●模式實證●

永信製藥的競爭優勢策略分析

晶圓代工是知識密集、
技術密集、
資本密集之高科技產業。
本章著重於運用資訊科技（IT）的知識管理，
探討國內晶圓代工龍頭—台積電，
如何運用資訊科技及網際網路，
來提供顧客最完善之晶圓代工服務，
以達成其虛擬晶圓廠的目標。

資源科技的知識管理與服務

　　知識管理是將知識視為可管理的資產，應用在知識管理的主要工具是「資訊科技」。透過「資訊科技」可簡化與增強資料、技術與知識的創造及交流，並提供給參與特定工作的個人及團體。而晶圓代工的製造流程，其步驟甚至達100個以上，各項流程之間的銜接及資訊的傳遞，需藉由資訊科技的連結，才能將即時的生產資料準確無誤地傳送給顧客，以達成資訊透明化及滿足顧客的需求。

親密顧客服務導向的晶圓代工廠

　　根據徐作聖所著《國家創新系統與競爭力》一書所述：透過產業值鏈功能分析，將全球與我國主要IC製造商可分為「產品領導導向」、「營運效能導向」、「親密顧客服務導向」與「多元化經營導向」四大競爭策略群組，如圖3.1所示。

　　由圖3.1所知，台積電及各晶圓代工廠均為「親密顧客服務導向」，這正與台積電董事長張忠謀所提「台積電是服務業」的觀念不謀而和。於是，本章主題「以知識管理為基礎的產業」

就選定晶圓代工業的台積電公司（TSMC）為例。

全球IC產業的產銷現況

　　全球IC產業在1997年小幅上升後，1998年又再度烏雲籠罩，全年產值衰退了8%（參考圖3.2），為1090億美元。雖然1998年全球的IC市場大幅衰退，例如生產記憶體的廠商營業額與規模大幅縮小，但生產通訊元件相關IC產品業者，如Lucent等，卻逆勢成長。因為網際網路與電子商務蓬勃發展，大幅帶動網路、電信設備及通訊晶片之需求，故通訊產品佔IC產業之比重，未來將因通訊產業持續發燒，而大幅成長。

　　根據Dataquest於西元1999年的預估，晶圓代工業務將由1998年的54億美元倍數成長到2001年的110億美元（參考圖3.3），佔全球IC總產值將從10%提高到40%。

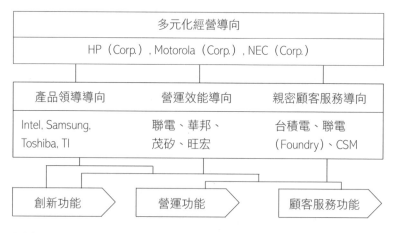

資料來源：徐作聖，「國家創新系統」，pp.215，1999

圖3.1 IC產業四大競爭策略群組

　　1999年台灣晶圓代工產值佔全世界晶圓代工產值53.9%。

　　過去晶圓代工的成長動力來自於IC設計公司，今後其仍為主要客戶。並且預估國際IDM公司會因為設廠成本的高漲，而將產能釋出給晶圓代工廠，以降低風險；並對財務健全、競爭力強的台灣專業晶圓代工業寄予厚望，認為國際IDM大廠在面對IC產業不景氣時，為了降低成本，必會增加外包採購量。

　　此外，由1999下半年DRAM產品需求大於供給的現象，造成其價格大漲，預計DRAM在2001年的需求也將大幅上揚。且由於亞洲金融風暴的影響，造成全球晶圓代工廠的擴廠計畫均縮小規模或是暫停設廠，晶圓代工產能短缺情形已於1999年底浮現，在全球IC產業的持續成長下，我國的晶圓代工業將可開出一張亮麗的成績單。

十億美元

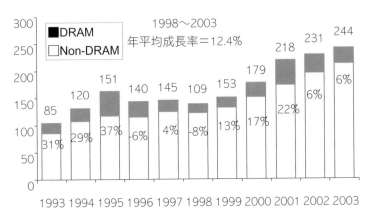

資料來源：Dataquest，1999/2

圖3.2 全球IC銷售額預測

圖3.3 專業晶圓代工之市場預測

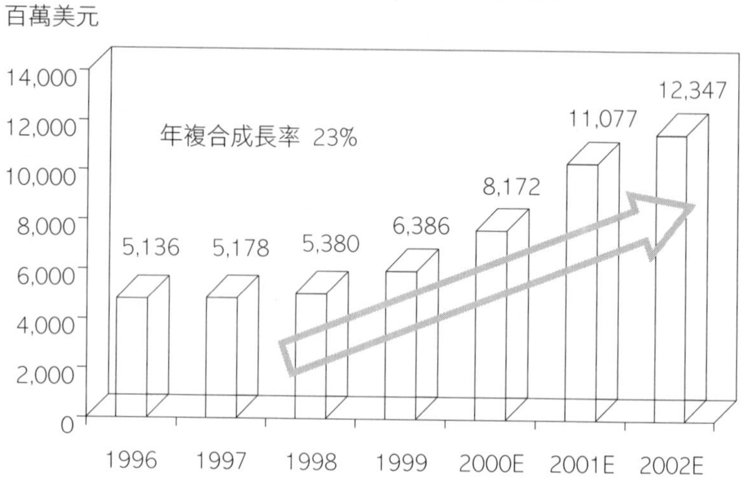
百萬美元
14,000
12,000
10,000
8,000
6,000
4,000
2,000
0
年複合成長率 23%
5,136
5,178
5,380
6,386
8,172
11,077
12,347
1996
1997
1998
1999
2000E
2001E
2002E

資料來源：Dataquest，1999/2

IC產業走向專業分工

在1990年之前，IC產業是IDM公司為中心，之後才逐漸有IC設計公司（Fabless）、晶圓代工公司（Foundry）出現，預計2000年之後，IC產業的分工將更加專業——IP提供業者（IP Provider）、系統設計公司（System Co.）、設計服務（Design Service）、IC設計公司、封裝及測試業者（Packaging & Testing），而產業垂直整合後，將只剩下少數幾家國際IDM大廠。

因為IC的製造需要龐大的設備投資及精密的製造技術，以往只有少數幾個世界級的IC製造大廠才能力去整合運作。因此，從上游的設計、中游的製造、乃至於下游的封裝及行銷，全由其一手包辦。然而，由於製程技術越來越先進，設廠的資

本投資越來越龐大，遂有晶圓代工產業的掘起。IC產業由1990年之前的垂直整合，走至今日的專業分工。

　　IC產業的專業分工已是目前的時勢所趨，其高效率且具規模經濟的生產方式，更使許多IDM大廠，如摩托羅拉（Motorola）公司表明未來將不再投資設廠，而改採委外代工的方式，來減少投資的風險，並降低生產成本。

　　由圖3.4可以看出，IC產業不單只有製造上的分工，在IC設計上亦有分化的趨勢。因為隨著製程技術的改良，未來IC設計將日趨複雜，IC設計公司將無法獨力完成設計，遂有IP提供者（IP Provider）的出現。自此，IC設計公司其功能分化為IP Provider與Design House，此種分工結構，將可以大幅縮短IC的設計時程，降低成本，且創造功能更強的IC。由此可預見，IP的興起將使IC產業的發展邁向另一個高峰。

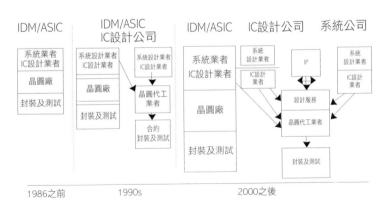

資料來源：1999半導體工業年鑑，pp.36，1999

圖3.4 IC產業的發展及演進

IP的興起和壯大

　　由於製程技術的快速發展，在單一晶片上所整合的電晶體數目會愈來愈多，且IC的設計將越來越複雜，如果以傳統的方式來設計電路，將會耗費極大的人力及時間。並且在激烈的市場競爭下，IC的功能需要不斷地加強，同時產品在市場上的生命期又不斷的縮短，在這種情況下，使用已事先定義、驗證而且可重複使用的IP，即可縮短產品開發時程。因此IP在IC產業的地位日顯重要。

■IP的定義

　　由兩個角度來剖析：第一，所有使IC正常工作之軟體或硬體方塊，包含Standard Cell、Macro Cell、驅動程式或軟體等。第二，幫助IC設計師加速實現特定電路功能的軟體程式。

■IP Provider的數目

　　根據Nikkei雜誌社之統計，至1998年底全球共有約200家之IP Providers，台灣亦將近有10家，茲將重要的IP Provider及其提供的IP種類表列如表3.1。

■IP對IC產業的影響

　　IC產業進展到專業分工的時代，IC設計公司不需要像以前一樣自行開發設計所有的IC內容，而可由市面上流通的IP來獲得，所以其主要的附加價值逐漸由IC設計中移出，故IC設計公司是IC產業中受到最大衝擊的。因此，在未來的發展上，其可

表3.1 國內外主要IP業者及其IP種類

公司名稱	IP的種類
Arm	Microprocessor
Artisan	SRAM
IREADY	Internet Tuner
Logic Vision	BIST等之Test機能
Mentor Graphics	PCI, USB, DCT, FFT, MPU
Palmchip	HDD應用, DMA Controller, ECC, PCMCIA
Phoenix	USB,IEEE1394 等BUS類
Sand	USB,IEEE1394 等BUS類
SICAN Microelectronics	ATM,QPSK等通信類; PCI, USB等BUS類; MPEG等
智原	Cell Library, MCU, A/D, D/A, Value Added Reseller
創意	Embedded Memory
源捷	IEEE 1394
金麗	MCU

資料來源: 1999半導體工業年鑑，pp32，1999

轉型為IP Provider，或是擁有自己核心競爭力的IC設計公司。

　　對於晶圓代工公司而言，其未來必需擔任IP Provider及IC設計公司之間的橋樑，以提供顧客更完整的服務。

　　未來IC設計公司將大幅增加，IDM大量釋出委外代工產能，晶圓代工產業市場前景看好。IC產業趨動力（如系統單晶片，IP）增加了晶圓代工模式之複雜度。由於國內製程技術與國外大廠的距離拉近，晶圓代工將提供卓越的整合能力及領先的製程技術發展。因為產業的競爭日趨激烈，未來晶圓代工企業經營重心不僅是產能，還包括服務、技術、資訊科技和品牌形象。此外，關於設計服務（Design Service）與IP的提供，亦是未來國內IC產業發展的有利方向之一。

台積電公司簡介

　　台灣積體電路製造股份有限公司（簡稱台積電公司），成立於民國76年，並於民國83年成為在台灣證券交易所掛牌之上市公司。台積電之美國存託憑證亦於民國86年在美國紐約證券交易所（NYSE）以TSM為代號開始掛牌交易。

　　台積電位於有「台灣矽谷」之稱的新竹科學工業園區，是全球第一家以最先進的製程技術提供專業積體電路製造服務（即一般所謂「晶圓代工」）的公司，不設計或生產自有品牌產品，而是提供所有的產能為客戶服務。由於此項策略與堅持，使台積電公司自成立以來，不但成為全球積體電路業者最忠實的夥伴，更確立了全球積體電路產業的專業分工模式。目前全球晶圓專業製造服務已發展成為一個年營業額數10億美元的產業，而在IC產業持續分工以及新晶圓廠投資日益龐大的趨勢下，專業的晶圓製造服務公司有非常大的機會成為全球IC製造產能的主要供應來源。

　　截至民國88年底，台積電擁有6吋積體電路晶圓廠兩座（晶圓一、二廠），8吋晶圓廠6座（晶圓三、四、五、六、Wafer Tech、TASMC廠），88年年產能達到190萬片8吋晶圓（約當量），是世界

圖3.5 台積電組織架構圖

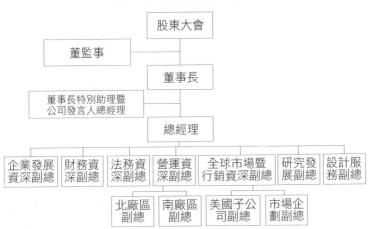

資料來源：台積電公開說明書，pp.4，1999

最大的專業積體電路製造服務公司。為因應日益增加的IC設計
業者對晶圓代工之需求及來自整合元件製造商委外代工之產
能，並確保台積電公司在晶圓代工產業的領導地位，台積電將
投資新台幣4千億元資金在台南科學園區，興建六座最先進的
晶圓廠。其中第一座「晶圓六廠」已於民國86年中動土興建。
為了能迅速供應現階段產能需求，台積電也陸續併購了德碁半
導體及世大積體電路公司。除台灣外，台積電也進駐全世界主
要市場，例如美國、歐洲、日本的子公司，以及與客戶合資設
立的專業積體電路製造服務公司—Wafer Tech。此外，台積電
在民國87年9月宣佈與荷蘭菲利浦公司在新加坡共同興建晶圓
廠—SSMC，更進一步擴張營運版圖。

　　除了產能優勢外，台積電亦不斷開新一世代之量產製程技
術，以確保製程技術的領先；在技術的深度方面，除了已大量
運用0.25微米製程為客戶新產品進行量產，0.18微米製程亦開

發完成。在技術的廣度方面，台積電提供多元化的積體電路製程，例如互補金氧半導體邏輯製程（CMOS Logic）、類比/數位混合製程（mixed-signal）、系統單晶片或嵌入式（embedded）記憶體製程、雙載子互補金氧半導體製程（BiCMOS）技術，以及設計支援服務來充份滿足不同客戶的各項需求，提供最大的附加價值給客戶，成為客戶最佳的合作夥伴。

　　為了要在專業積體電路製造服務業中贏得長期的勝利，除了最佳的製程技術、品質及領先的產能優勢外，服務水準尤為關鍵所在。台積電提出成為客戶「虛擬晶圓廠」的願景，其目標就是提供客戶最好的服務，給予他們所有相當於擁有自己晶圓廠的便利與好處，同時可免除客戶自行設廠所需的大筆資金投入及管理上的問題。在此策略領導下，台積電公司未來能構建更大的競爭優勢，並鞏固在其在業界之領導地位。

業務內容

■主要內容與服務項目

　　民國88年台積電營運業務之主要內容及其營業比重，如**表3.2**所示。服務項目如**圖**3.6。

主要業務內容	營業比重
1.依客戶之訂單與提供之產品設計說明，以從事製造與銷售積體電路以及其他半導體元件	89 %
2.提供前述產品封裝與測試之外包服務	7 %
3.提供積體電路之設計支援服務或其它服務	4 %

資料來源：台積電公開說明書，pp.22，1999

表3.2 台積電營運業務之主要內容及其營業比重

圖3.6 台積電目前提供之服務項目

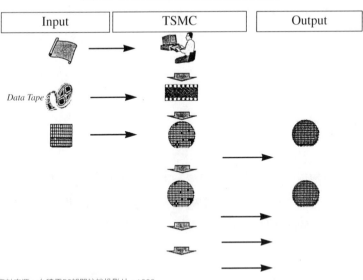

資料來源：台積電EC部門訪談投影片，1999

■計劃開發之新產品及服務

　　台積電目前正積極開發之製造技術服務項目包括更高集積度（0.18、0.15、0.13微米）與更低電壓（1.8、1.5伏）之各類邏輯、記憶體、類比/數位混合與嵌入式應用製程；另外對客戶提供從下單到最終產品之整合性一元化晶圓代工服務。

　　此外，台積電與客戶之關係不再限於製造，更往上延伸到設計服務。因為一顆系統單晶片要整合多種功能，單一公司已經很難獨立完成設計，所以台積電提供客戶現成設計模組，縮短設計時間。台積電不但自己提供設計服務，還透過策略聯盟豐富智慧財產權資料庫。如台積電與美商艾堤生元件公司合作，在台積電下單的客戶能免費使用艾堤生的智慧財產，像這

種相互授權的公司，台積電正逐漸拓展中，而這些設計資料都
會經過製程的測試與驗證。因此，台積電的角色不止限於晶圓
代工了，其進一步要跨到流程管理，幫助客戶在最短時間內做
出功能最強的整合晶片。而台積電的此種作法正式提高顧客忠
誠度的重要策略手段。

產銷概況

　　台積電的客戶來源主要還是以北美地區為主，其次是亞洲
市場。由於美國的景氣受金融風暴衝擊較小，故北美的佔有率
由1997年的6%提高至1998年3Q的60%。至於日本及亞洲市場則
呈現逐年下滑趨勢。如表3.3所示。

　　而在台積電的客戶種類分佈上仍以Fabless公司為最大宗，
IDM（整合元件製造商）比例明顯降低，由1996年之33% 降至
1999年2Q之27%。此變化與張忠謀表示未來晶圓代工將以IDM
成長動力為訴求有段距離。不過長期而言，IDM大廠委外代工
之趨勢不會改變，其客戶型態分佈如表3.4。

　　根據Dataquest的最新報告，未來五年的晶圓代工市場可能
的供需狀況將從1998年超過30%的產能過剩，反轉成2001年的

地區別	1997年	1998年1Q	1998年2Q	1998年3Q
美國	46%	52%	53%	60%
歐洲	14%	10%	16%	11%
亞洲	30%	30%	26%	27%
日本	11%	8%	5%	3%
合計銷售額	439.36億	157.36億	116.01億	112.63億

資料來源：台積電公開說明書，pp.22，1999

表3.3 台積電之市場產銷狀況

表3.4 台積電之客戶型態分佈

客戶型態	1996年	1997年	1998年	1999年1Q	1999年2Q
無晶圓廠設計公司	66%	65%	71%	72%	68%
整合元件製造廠商	33%	33%	27%	25%	27%
系統業者	1%	2%	2%	3%	5%
合計銷售額	394億	439.36億	502.33億	125.01億	172.32億

資料來源：台積電公開說明書，pp.22，1999

產能短缺，隨後由於新加入者與現有晶圓代工業者的產能擴充，2002年與2003年將有小量的產能過剩。Dataquest對晶圓代工產業的未來趨勢顯然持較保守的看法，主要原因即為新近入之專業晶圓代工業者與整合性元件廠商的產能閒置造成供給較需求成長快速，所以短期內將有供過於求的疑慮。但是就台積電本身的觀察，晶圓代工的供給確實有明顯增加的現象，但由於眾多IDM大廠對擴廠採取相對保守的態度，未來將更依賴專業晶圓代工業者提供先進製程之產能，長期而言，雖不是每一個晶圓代工業者都能獲利，但對該產業的領導廠商而言，因擁有足夠的經濟規模進行擴廠與研發先進技術而獲益最大。

未來發展之優劣勢分析

■有利因素

預測晶圓代工業的成長率將會高於全球IC產業，主要原因來自三個趨勢，這三個趨勢均對台積電非常有利。

1.數位化與多媒體應用將刺激對IC元件之需求：在需求面方面，下游產品的數位化，增加了對IC元件的需求，舉凡個人

電腦、網際網路、通訊產業與數位消費性電子，其半導體內含
比例均不斷提高，以應付日益增加的資料處理需求。數位化與
多媒體的應用趨勢，將迫使晶片設計業者整合多種功能於單一
晶片上（系統單晶片），進而增加對先進製程技術之需求。台積
電一向致力於先進技術之研發與產能的提昇，可幫助客戶掌握
此一商機。

　　2.**低價產品逐漸普及**：民國87年個人電腦產業最大的衝
擊，便是低價電腦（低於美金1,000元）的普及，其帶動各項數位
產品不斷調降其價格。勢必將促使晶片供應商利用先進製程技
術降低其單位成本或整合多種功能於單一晶片上，此均有利於
推廣台積電發展的先進製程技術。

　　3.**全球IC產業分工體系將更趨顯著**：主要原因有二：首先
是無晶圓廠設計公司整體成長率明顯高於產業整體成長率，其
對專業晶圓代工產能的使用將會大幅增加；其次是整合性元件
廠商因為三年景氣低迷與生產技術世代交替而延緩了先進技術
部分的產能擴充，將改採外包給晶圓代工廠的策略以生產次世
代的產品，其對於台積電將有相當大的助益。

■不利因素

　　因競爭者日眾造成了產能過剩之疑慮，並可能對晶圓代工
的單價產生壓力。為了因應此一不利因素，台積電的策略在於
加強先進技術的研發與產能的擴充，並進行企業再造，將過去
生產導向的流程轉變為以服務為本位的組織，進而實現虛擬晶
圓廠。藉著提昇顧客滿意與產品附加價值以擴大與追隨者的差
距並避免價格競爭，確保台積電的獲利與持續成長的能力。

　　另外一個不利因素為上游晶圓供應之短缺。IC景氣在1999

年開始進入強勁復甦，造成晶圓代工廠均處於滿載情況，而上游矽晶圓生產廠商在過去幾年擴充腳步並未趕上晶圓代工業者的腳步，恐將造成矽晶圓供應短缺的問題。針對此一可能不利因素，台積電一向採與上游領導供應商維持長期關係，再加上台積電代工產出居晶圓代工業第一的優勢，其採購上具規模經濟，足可確保未來幾年的晶圓供應量充足無虞。

虛擬晶圓廠之願景

■什麼是「虛擬晶圓廠」？

　　虛擬晶圓廠亦即以網際網路為基礎所建構之服務。基於網際網路的成熟及IC產業間的策略聯盟，台積電為了提供顧客更完善之服務，因而提出虛擬晶圓廠的（Virtual Fab）構想，簡言之，就是台積電與其聯盟夥伴日月光（封裝廠）、矽豐（測試廠）透過彼此之間的企業網路（extranet），再連結至公司內部的網路（intranet）互相交換運籌合作之進度訊息；而台積電的客戶則藉由網際網路（internet）連至台積電，去瞭解其委託代工產品的工作進度、生產現況與產出，就像，目前台灣電腦廠商普遍為國外大廠提供「全球運籌管理」的服務模式，透過終端機與客戶全面接觸，具有迅速、便利、透明化等優點。這種服務理念勢將成為各個專業晶圓代工廠共同仿效之圭臬；這種模式亦適用於轉投資公司及關係企業的各項資源整合。

　　虛擬晶圓廠必須藉由資訊科技（IT）來達成，因此資訊科技就成為台積電營運之基礎架構，進而提供顧客更完善之服務。台積電公司價值鏈與資訊科技之關聯如圖3.7所示。

圖3.7 台積電公司價值鏈與資訊科技之關聯

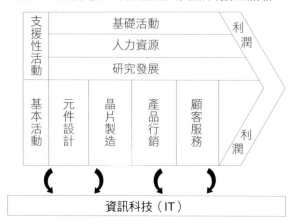

　　台積電提供顧客資訊科技的服務列於**表3.5**，其對顧客創造之價值在於加速產品導入市場以及總成本的減少。

■虛擬晶圓廠提供「資訊科技」全方位的服務

　　台積電是第一個提供虛擬晶圓廠的專業晶圓代工業者，藉著資訊科技提供顧客一個高度整合的供應鏈管理環境，其特質為安全、可靠、迅速、透明化。而TSMC達成虛擬晶圓廠的作法有三點，分別為TSMC-Online、TSMC-Direct、TSMC-Yes。TSMC-Online為台積電提供顧客之網際網路解決方案；TSMC-Direct為台積電與顧客系統間之連結，提供顧客更緊密之交流管道；TSMC-Online為良率改善系統，創造台積電與顧客雙贏之局面。

　　1.TSMC-Online：顧客可利用終端機藉由網際網路連結到台積電之伺服器，而台積電提供給客戶製程技術的選擇、積體電路設計、產品數據化處理、下訂單、線上半成品即時監測、

表3.5 台積電提供顧客資訊科技之服務

現 在	未 來
線上下單	供應鏈之運籌自動化
線上半成品之及時監測	量身定作之顧客服務
線上技術資料	一對一的顧客關係
線上工程文件	多元化的設計合作管道
遠距產品良率分析	互動式工程

產品品質監測、運送狀態追蹤與售後服務等。這項作法對顧客產生之效益為：節省顧客的行政管理及資訊科技投資成本、節省顧客紙上作業、減少產品製造的前置時間、便利及時資訊的取得、為電子商務奠定基礎。此外TSMC-Online還包括一些特質，諸如網路一次購足的服務，包括技術文件的取得及下訂單；一週七天，一天二十四小時之便利性；富親和力的使用者介面，任何時間與地點皆可享受上網服務；利用SSL做資料傳輸安全之防護。

2. TSMC-Direct：其作法為台積電與顧客間做系統之連結，比TSMC-Online優越之處在於雙向性資料傳輸與共同的溝通介面。TSMC-Direct對顧客產生之效益為降低產品製造週期，安全、可靠、及時的資訊交流，可處理多樣化的資料，互動式工程，使供應鏈更具透明度。

3. TSMC-Yes：其作法為台積電提供顧客專用軟體，使雙方能同步進行產品良率分析。TSMC-Yes之功能包括製程資料分析、晶圓良率分析、高良率與低良率晶圓群組分析、製程驗證。TSMC-Yes對顧客產生之效益包括：利用相同的分析工具可使雙方的溝通更具效率，在產品製造初期可大幅提升良率、減少一半產品良率分析時間，縮短新產品開發時程。

　　上述作法可使台積電在未來能提供顧客最完善之服務，成為顧客之虛擬晶圓廠。圖3.8即顯示台積電運用資訊科技達成虛擬晶圓廠之架構。

競爭者分析

　　全球晶圓代工市場，未來將由台積電、聯電兩大廠壟斷，WSTS預估兩大廠市場佔有率，合計將由1998年的53%成長到1999年的64%，2000年再提高至85%。由於代工客戶對先進製程技術需求強烈，專業代工廠的營運成長空間將遠高於非專業代工廠，其中台積電聯電、除了不斷擴廠外，同時不斷進行購併的動作，目的在滿足現階段強烈產能之需求。目前全球前二

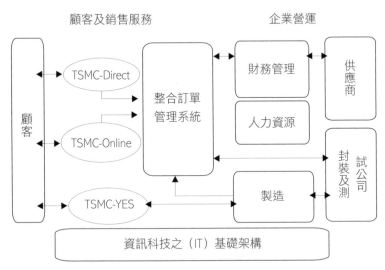

資料來源：台積電EC部門訪談投影片，1999

圖3.8 台積電運用資訊科技達成虛擬晶圓廠之架構

表3.6 台積電與特許半導體之比較

	1999年1Q	1999年2Q	1999年3Q	總和
利潤（百萬台幣）				
特許半導體	131	164	178	473
台積電	384	525	614	1,523
特許半導體/台積電	34%	31%	29%	31%
晶圓銷售量（千片8吋晶圓）				
特許半導體	155	173	181	509
台積電	330	414	465	1,209
特許半導體/台積電	47%	42%	39%	42%
ASP（美元）				
特許半導體	844	947	983	929
台積電	1,191	1,260	1,333	1,269
特許半導體/台積電	71%	75%	74%	73%

表3.7 台積電與聯電之比較

	1999年1Q	1999年2Q	1999年3Q	1999年10月	總和
營收（百萬台幣）					
聯電集團	12,116	13,912	15,194	6,400	47,622
聯電集團DRAM/SRAM	2,500	2,000	2,650	1,100	8,250
聯電集團晶圓代工	9,616	11,912	12,544	5,300	39,372
台積電	12,501	16,587	19,707	7,212	56,007
聯電集團/台積電	97%	84%	77%	89%	85%
聯電集團晶圓代工/台積電	77%	72%	64%	73%	70%
晶圓銷售量（千片8吋晶圓）					
聯電集團	315	375	377	148	1,215
台積電	330	414	465	169	1,378
聯電集團/台積電	95%	91%	81%	88%	88%
ASP（美元）					
聯電集團	1,209	1,166	1,269	1,357	1,232
聯電集團晶圓代工	960	998	1,048	1,124	1,019
台積電	1,191	1,260	1,333	1,342	1,278
聯電集團/台積電	102%	93%	95%	101%	96%
聯電集團晶圓代工/台積電	81%	79%	79%	84%	80%

十大晶圓代工廠中，專業代工廠計有台積電、聯電集團、新加坡特許半導體、美商Newport、韓國安南代工廠、以色列Tower、上海ASMC等，而1999年剛量產的世大半導體及計畫中的太電半導體、香港矽港計畫等，也屬於此類；此外，IDM廠商兼差從事晶圓代工業者，則有IBM、德州儀器、金星、三星、夏普、三菱、三洋等。而國內目前已有德基半導體將轉型為晶圓代工業者。

　　未來晶圓代工業需求上揚，包括整合元件製造廠產能釋出的商機，就1998年全球前20大晶圓代工產值合計52億4千萬美元，上述20家代工廠所提供之代工產能，只需要一家Intel公司的產能（或是摩托羅拉、德州儀器兩家加起來）釋出即可全部填滿。台積電、聯電合計在1998年佔前20大晶圓代工廠產值的53%，分居全球第一、二位。以1999年整體晶圓代工業成長率25%來計算，台積電、聯電營收各約新台幣745億元、575億元，合計1320億元，約佔前20大晶圓代工廠產值的64%；而2000年是晶圓代工業大幅成長的一年，以整體35%的成長率計算，台積電、聯電的營收各有機會巨幅成長到1350億元、1050億元，合計佔全球85%比重，形成兩家壟斷的局面。

模式實證
台積電的競爭優勢策略分析

步驟一：問卷調查

　　模式研究模式問卷評量種類包括台積電核心資源、產業關鍵成功要素、顧客需求特性及台積電策略意圖四大部份，問卷訪問調查對象則含蓋台積電、聯電及IC設計公司各部門經理或資深工程師以上人員。

問卷分析種類	受訪對象	有效問卷	受訪人員背景
核心資源	台積電	20	財務、行銷、製程、MIS、EC等資深工程師及經副理層級以上人員
關鍵成功要素	台積電	20	財務、行銷、製程、MIS、EC等資深工程師及經副理層級以上人員
	聯電	17	製程、財務、R&D、行銷、IP、HR等經理級以上人員
客戶要求	IIC設計公司	18	設計、採購、銷售等資深工程師及副理層級以上人員
策略意圖	台積電	20	財務、行銷、製程、MIS、EC等資深工程師及經副理層級以上人員

表3.8 調查問卷樣本資料

步驟二：資料整理、建立創新矩陣和檢定

　　台積電價值鏈上的主要活動為元件設計、晶片製造、產品行銷及顧客服務，支援性活動則包括基礎活動、人力資源及研究發展，針對這價值創造活動，可分析並歸納出台積電的核心資源項目，每一項核心資源項目對台積電創新活動都有其影響，接下來將依影響的種類、性質及強弱三大構面，進行創新性評量與分析。

■企業優勢創新矩陣（核心資源分析）

　　每一項的核心資源項目，在經過台積電內部員工的問卷調查及討論而取得共識後，整理如表3.9。

企業核心資源	影響總類	影響性質	評量強弱
1.完整的IC設計資源	P1,P2	S	3.35
2.卓越的設計製造整合能力	P2,O	S	3.75
3.製程掌握能力	P2	I	4.65
4.製程創新能力	P2	S	4.30
5.全球行銷能力	P1	BT	4.15
6.品牌與企業形象	P1,O	I	4.75
7.企業文化	O	S	4.00
8.組織結構	O	S	3.40
9.掌握供應商的能力	O	I	3.85
10.人事制度與教育訓練	O	S	3.50
11.員工忠誠與向心力	O	S	3.50
12.研發環境	P2,O	S	4.05
13.資訊科技	P1,2,O	BT	3.79

表3.9 台積電核心資源問卷評量結果統計

圖3.9 台積電之企業優勢創新矩陣

影響種類	漸進式改變（I）	系統式改變（S）	突破式改變（BT）
產品（P1）	品牌與企業形象（4.75） $\bar{x}$=4.75	完整的IC設計資源（3.35） $\bar{x}$=3.35	全球行銷能力（4.15） 資訊科技（3.79） $\bar{x}$=3.97
製程（P2）	製程掌握能力（4.65） $\bar{x}$=4.65	完整的IC設計資源 卓越的設計製造整合能力（3.75） 製程創新能力（4.30） 研發環境（4.05） $\bar{x}$=3.86	資訊科技（3.79） $\bar{x}$=3.79
組織（O）	品牌與企業形象（4.75） 掌握供應商的能力（3.85） $\bar{x}$=4.30	卓越的設計製造整合能力（3.75） 企業文化（4.00） 組織結構（3.40） 人事制度與教育訓練（3.50） 員工忠誠與向心力（3.50） 研發環境（4.05） $\bar{x}$=3.70	資訊科技（3.79） $\bar{x}$=3.79

影響性質

■：顯著大於整體平均水準。■：顯著小於整體平均水準。□：與整體平均水準無顯著差異。
$\bar{x}$：方格內各項評量結果之平均數。

■產業優勢創新矩陣（產業關鍵成功要素分析）

　　由在台積電與聯電的產業關鍵成功要素統計檢定結果（表3.10），可以發現一個有趣的現象：雙方皆在對方認定具優勢之處，也認定自己具有優勢，並否認對方的觀點，因此台積電與聯電在產業關鍵成功要素的評量隱含著一致性。

　　為了達到客觀的評量，數據的選取採用台積電評台積電及聯電評聯電的數據做單尾t-test。檢定結果台積電具有優勢創新活動在P1*I方格中，表示台積電有較好的產品良率的控制能力、製造週期的降低能力及顧客長期關係的建立能力；在O*I方格中的創新活動—資金籌措能力則較聯電略處劣勢。

表3.10 產業競爭優勢問卷評量結果統計

產業關鍵成功因素項目	影響總類	影響性質	台積電			聯電		
			台積電	聯電	差額	台積電	聯電	差額
1.多元化技術掌握能力	P1,P2	S	4.15	4.00	0.15	4.24	4.76	-0.53
2.市場領導優勢	P1	BT	4.70	3.80	0.90	4.82	4.18	0.65
3.法規與管理能力	O	S	4.40	3.25	1.15	4.35	4.18	0.18
4.範疇經濟優勢	P1,O	S	4.30	4.00	0.30	4.53	4.35	0.18
5.元件設計的創新能力	P1,P2	S	4.00	4.10	-0.10	4.18	4.41	-0.24
6.製程創新能力	P2	S	4.40	4.25	0.15	4.35	4.53	-0.18
7.研發人員素質的掌握及培育能力	O	S	4.15	4.15	0.00	4.53	4.41	0.12
8.研發團隊的整合能力	P2,O	S	4.35	3.85	0.50	4.47	4.41	0.06
9.研發資料庫完整性的掌握能力	P1,P2	S	4.15	4.05	0.10	4.47	4.18	0.29
10.顧客教育能力	P1	S	4.20	3.65	0.55	4.59	4.06	0.53
11.製程掌握能力	P2	I	4.40	4.00	0.40	4.47	4.47	0.00
12.規模經濟優勢	P2	I	4.65	4.00	0.65	4.65	4.82	-0.18
13.產品良率的控制能力	P1,P2	I	4.75	3.80	0.95	4.65	4.35	0.29
14.製造週期的降低能力	P1,P2	I	4.70	3.85	0.85	4.41	4.47	-0.06
15.全面成本的控制能力	P1,P2	I	4.70	3.85	0.85	3.94	4.47	-0.53
16.資金籌措能力	O	I	4.60	4.55	0.05	4.12	5.00	-0.88
17.交貨穩定度的控制能力	P2	S	4.70	3.80	0.90	4.71	4.35	0.35
18.廠商技術合作關係的掌握能力	P1,P2,O	BT	4.45	4.25	0.20	4.18	4.65	-0.47
19.顧客長期關係的建立能力	P1	I	4.70	3.50	1.20	4.59	4.59	0.00
20.顧客導向的產品設計與製造能力	P1,P2	S	4.35	3.95	0.40	4.41	4.47	-0.06
21.與顧客溝通網路的建立	P1,O	S	4.45	3.70	0.75	4.35	4.35	0.00
22.與顧客建立互信基礎的能力	P1,O	S	4.60	3.45	1.15	4.18	4.29	-0.12

影響種類	漸進式改變（I）	系統式改變（S）	突破式改變（BT）
產品（P1）	產品良率的控制能力（4.75） 製造週期的降低能力（4.70） 顧客長期關係的建立能力（4.70） x̄=4.72	多元化技術掌握能力（4.15） 範疇經濟優勢（4.30） 元件設計的創新能力（4.00） 研發資料庫完整性的掌握（4.15） 顧客教育能力（4.20） 全面成本的控制能力（4.70） 顧客導向的產品設計與製造能力（4.35） 與顧客溝通網路的建立（4.45） 與顧客建立互信基礎的能力（4.60） x̄=4.32	市場領導優勢（4.70） 廠商技術合作關係的掌握能力（4.45） x̄=4.58
製程（P2）	製程掌握能力（4.40） 規模經濟優勢（4.65） 產品良率的控制能力（4.75） 製造週期的降低能力（4.70） x̄=4.63	多元化技術掌握能力（4.15） 元件設計的創新能力（4.00） 製程創新能力（4.53） 研發團隊的整合能力（4.35） 研發資料庫完整性的掌握能力（4.15） 全面成本的控制能力（4.70） 交貨穩定度的控制能力（4.70） 顧客導向的產品設計與製造能力（4.35） x̄=4.37	廠商技術合作關係的掌握能力（4.45） x̄=4.45
組織（P3）	資金籌措能力（4.60） x̄=4.60	法規與管理能力（4.40） 範疇經濟優勢（4.16） 研發人員素質的掌握及培育能力（4.15） 研發團隊的整合能力（4.35） 與顧客溝通網路的建立（4.45） 與顧客建立互信基礎的能力（4.60） x̄=4.38	廠商技術合作關係的掌握能力（4.45） x̄=4.45

影響性質

圖3.10 台積電的產業優創新矩陣

■競爭對手創新矩陣

影響種類	漸進式改變（I）	系統式改變（S）	突破式改變（BT）
產品（P1）	產品良率的控制能力（4.35） 製造週期的降低能力（4.47） 顧客長期關係的建立能力（4.59） x̄=4.47	多元化技術掌握能力（4.76） 範疇經濟優勢（4.35） 元件設計的創新能力（4.41） 研發資料庫完整性的掌握（4.18） 顧客教育能力（4.06） 全面成本的控制能力（4.47） 顧客導向的產品設計與製造能力（4.47） 與顧客溝通網路的建立（4.35） 與顧客建立互信基礎的能力（4.29） x̄=4.37	市場領導優勢（4.18） 廠商技術合作關係的掌握能力（4.65） x̄=4.42
製程（P2）	製程掌握能力（4.47） 規模經濟優勢（4.82） 產品良率的控制能力（4.35） 製造週期的降低能力（4.47） x̄=4.53	多元化技術掌握能力（4.76） 元件設計的創新能力（4.41） 製程創新能力（4.53） 研發團隊的整合能力（4.41） 研發資料庫完整性的掌握能力（4.18） 全面成本的控制能力（4.47） 交貨穩定度的控制能力（4.35） 顧客導向的產品設計與製造能力（4.47） x̄=4.45	廠商技術合作關係的掌握能力（4.65） x̄=4.65
組織（P3）	資金籌措能力（5.00） x̄=5.00	法規與管理能力（4.18） 範疇經濟優勢（4.35） 研發人員素質的掌握及培育能力（4.41） 研發團隊的整合能力（4.41） 與顧客溝通網路的建立（4.35） 與顧客建立互信基礎的能力（4.29） x̄=4.33	廠商技術合作關係的掌握能力（4.65） x̄=4.65

影響性質

▓：顯著大於整體平均水準。▇：顯著小於整體平均水準。□：與整體平均水準無顯著差異。
x̄：方格內各項評量結果之平均數。

圖3.11 台積電的競爭對手創新矩陣

■顧客需求創新矩陣

　　由表3.11的統計資料及圖3.12的檢定結果顯示，晶圓代工產業客戶對代工之品質、價格及製程服務非常重視；另一方面，系統單晶片（soc）的趨勢促成顧客對於設計服務的需

求，線上製程資訊也是顧客需求的重點。O*I顯示顧客對財務考量重視程度普通，表示台積電財務狀況及結構並非顧客考量重點，反應出台積電的財務一向穩健。

表3.11 顧客需求問卷評量結果統計

顧客需求特性項目	影響總類	影響性質	評量強弱
1.品質	P1,P2	I	4.67
2.價格	P1,P2	I	3.94
3.交貨速度	P2	I	4.06
4.設計服務	P 1,O	S	4.39
5.製程服務	P2,	S	4.39
6.財務考量	O	I	3.22
7.線上製程資訊（IT）	P1,P2,O	BT	4.50

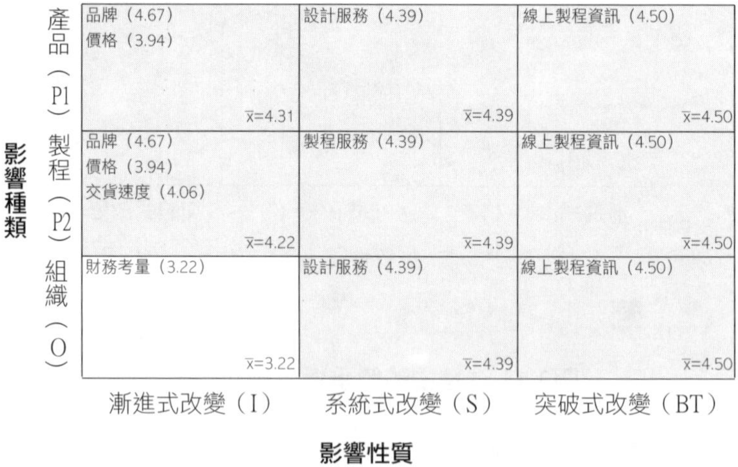

影響種類	產品（P1）	品牌（4.67） 價格（3.94） x̄=4.31	設計服務（4.39） x̄=4.39	線上製程資訊（4.50） x̄=4.50
	製程（P2）	品牌（4.67） 價格（3.94） 交貨速度（4.06） x̄=4.22	製程服務（4.39） x̄=4.39	線上製程資訊（4.50） x̄=4.50
	組織（O）	財務考量（3.22） x̄=3.22	設計服務（4.39） x̄=4.39	線上製程資訊（4.50） x̄=4.50
		漸進式改變（I）	系統式改變（S）	突破式改變（BT）

影響性質

■：顯著大於整體平均水準。■：顯著小於整體平均水準。□：與整體平均水準無顯著差異。
x̄：方格內各項評量結果之平均數。

圖3.12 顧客需求特性評量與評量分數

步驟三：創新SWOT分析

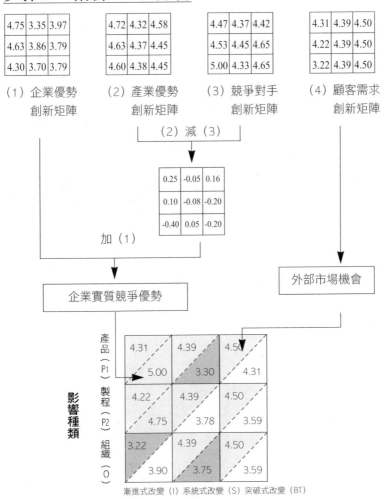

圖3.13 台積電的創新SWOT矩陣

步驟四：策略意圖創新分析

策略意圖項目	影響總類	影響性質	評量強弱
1.成為全球最有聲譽，以服務為導向，替顧客創造最大利益的專業積體電路製造公司	O	S	4.00
2.成為全球獲利最高的晶圓代工企業	P1.P2, O	S	4.25
3.實現虛擬晶圓	P1.P2, O	BT	4.65
4.提供顧客設計服務（TSDC）	P 1, O	S	4.75
5.公元2003年營業額達100億美元	P1.P2, O	I	4.05

表3.12 台積電策略意圖問卷評量結果統計

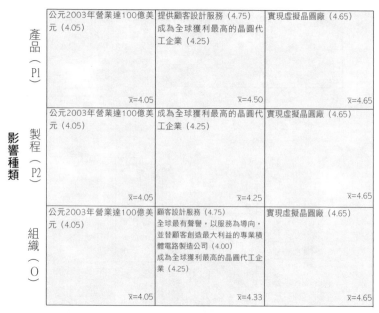

影響種類

| | 漸進式改變（I） | 系統式改變（S） | 突破式改變（BT） |

影響性質

■：顯著大於整體平均水準。▨：顯著小於整體平均水準。□：與整體平均水準無顯著差異。
x̄：方格內各項評量結果之平均數。

圖3.14 台積電的策略意圖創新矩陣

步驟五：差異性分析（如圖3.15）

圖3.15 台積電之差異矩陣分析圖

(1)策略意圖矩陣　　－　　(2)創新SWOT矩陣　　＝　　(3)差異矩陣

4.05	4.05	4.65
4.05	4.25	4.65
4.05	4.33	4.65

－

4.31/5.00	4.39/3.30	4.50/4.13
4.22/4.75	4.39/3.78	4.50/3.59
3.22/3.90	4.39/3.75	4.50/3.59

＝

-0.26/-0.95	-0.34/-1.20	0.15/0.52
-0.17/-0.70	-0.14/0.47	0.15/1.06
0.83/0.15	-0.06/0.58	0.15/1.06

註：（＋）值表示企業野心太大，企業目標與策略意圖大於外在機會或企業本身所擁有的資源能力。
　　（－）值表示企業過於保守，未能充分發揮企業優勢或未能充分掌握外在機會。

步驟六：結論與建議（如圖3.16）

圖3.16 策略矩陣分析下的策略建議

（1）品牌形象及製程技術

- **顧客需求**：品質、價格、交貨速度
- **核心資源**：品牌與企業形象、製程掌握能力
- **策略建議**：台積電在企業品牌及製程方面具有優勢，亦相當重視晶圓代工顧客對於品質及交貨速度的要求，建議台積電保持良好的企業形象及持續製程技術之領先。

（2）提供顧客設計服務

- **顧客需求**：設計服務
- **核心資源**：完整的IC設計服務（TSDC）
- **策略意圖**：由於系統單晶片（SOC）的趨勢，促使IC設計公司對於IP的需求日漸提高，已成為顧客需求重點之一，台積電為專業圓代工廠，目前設計資源並非核心能力，建議台積電累積這設計服務的能力，可採結盟或併購IP公司的方式，提供顧客製程驗證過的IP為其設計服務。

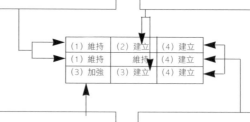

（1）維持	（2）建立	（4）建立
（1）維持	維持	（4）建立
（3）加強	（3）建立	（4）建立

（3）持續晶圓代工產能擴充

- **顧客需求**：財務考量並非顧客需求重點
- **核心資源**：品牌與企業形象
- **策略意圖**：2003年營業額達到100億美元
- **策略建議**：為達成營業額目標，短期間可考慮以併購方式快速滿足顧客產能需求，但長期而言，仍需要建廠來加以因應。

（4）成為顧客的虛擬晶圓廠

- **顧客需求**：線上製程資訊（IT）
- **競爭優勢**：市場領導優勢
- **策略意圖**：實現虛擬晶圓廠
- **策略建議**：
  1.持續加強資訊科技的技術，推展網際網路上的各項應用，朝向B2B電子商務發展，實現成為顧客虛擬晶圓廠。
  2.利用市場領導之優勢整合半導體產業供應鏈，提供顧客運籌管理之服務。

寬頻網路篇

●模式實證●

東森媒體的競爭優勢策略分析

隨著影像、多媒體、IP數據等
服務的資訊量迅速激增，
網路壅塞日益嚴重，
傳輸速率的要求愈來愈高，
頻寬的要求也愈來愈寬，
預估高速寬頻網路的時代即將來臨。
隨著多媒體技術的快速發展，
建立高速及寬頻接取網路是必然的走向；
然而，從現行的傳統接取網路
演進到高速寬頻接取網路時，
由於寬頻新服務的供給時機與數量
充滿了不確定性，
以及接取網路設備的升級與建設
所需的龐大投資伴隨的高度風險性，
使得網路經營者必須慎重考慮
提供新服務的切入點，
以降低其市場經營的風險。

一日千里的網路科技

「1999世界電信論壇會議」中，副主席約翰・羅斯（John Roth）在論壇開幕演說時提出「新摩爾定律」－光纖定律：網際網路的頻寬每9個月會增加一倍的容量，但成本降低一半，比晶片變革速度的每18個月還快。

摩爾定律（Moore's Law）過去用來形容半導體科技的快速變革，平均每18個月晶片的容量會成長一倍，成本卻減少一半；「光纖定律」（Optical Law）則是用來形容網路科技的快速變化。以同樣建立起5千萬個使用者來看，電話花了75年，廣播花了38年，電視與行動電話各用了13年與12年，而網際網路卻只花4年的時間，網路頻寬的「光纖定律」帶動了網路應用的革命。

一、網際網路的發展

網際網路崛起於七○年代的美國，九○年代開始在全球各地刮起旋風。由於網際網路劃破了時空的限制，人與人之間的溝通似乎沒有了距離，更沒有了國界，重要的是網路的興起，

對於現有電信產業造成相當大的挑戰與衝擊。

　　網際網路自1991年開放商業用途後，全球連接上網的國家數、人口數與主機數即不斷地增加，特別是自全球資訊網（World Wide Web；WWW）於1993年興起後，其發展潛力更受各方矚目。網際網路發展至今已具相當的市場規模，全球上網人口持續攀升。

　　由NUA、IDC、Nielsen以及FIND等各種統計調查的資料顯示，全球網際網路使用者人數以及連網主機數都在快速成長當中，至1999年9月底，全世界使用網際網路的人數已超過兩億人，佔全球人口3.4%。至於我國的狀況，根據經濟部技術處國家資訊基礎建設（NII）科技專案（簡稱科專）計畫之調查研究，我國網際網路用戶數已達422萬人，全球排名第八，如；上網人口普及率為19.2%，全球排名第十。

　　網際網路的快速成長與使用人口的激增造成網路頻寬使用之不足，有鑑於此，網路寬頻化已成為電信服務業者必須著手規劃的課題。

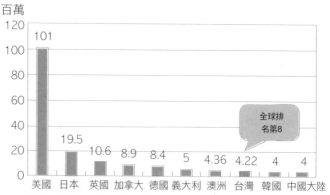

資料來源：經濟部技術處NII科專計畫／資策會推廣處FIND，1999/10

圖4.1 全球上網人口數前10名

4C整合的前瞻趨勢

■產業的匯流

　　在網際網路環境風行、網路技術成熟、以及電信自由化等因素的驅使之下，4C產業（Computer, Communication, Cable TV, Consumer Electronic）正快速的形成科技整合（Technology Convergence）。對產業而言，可以盡早達到經濟規模（economies of scale）、增加多重獲利來源（revenue streams），並可以提高網路邊際效益，因此許多企業配合網際網路的機會跨入電子商務的經營領域，包含電腦業、通訊業、有線電視事業、消費性電子產業以及其他如運輸事業、金融業、服務業以及媒體業等。而透過電子商務資訊流、物流及金流的供應鏈，對許多企業都有實質的影響。

　　網際網路具有跨平台的特性，因此馳騁在這條資訊高速公路（information highway）上的「車」包羅萬象，例如：傳統的個人電腦、掌上型數位工具（PDA、HPC）、視訊轉換器（set top box）、甚或傳統的家電製品（電冰箱、數位電視等），IDC將這些產品稱之為資訊擷取裝置（Information Appliance；簡稱IA）。由於各式的產品都有，只要有前景就會吸引廠商競逐。除了研發上網的資訊擷取裝置外，上網方式也在競爭之列，如經由傳統的電話撥接、透過有線電視纜線、衛星直播或無線通訊傳輸。

■技術的匯流

　　資訊革命是繼工業革命之後對人類影響最大的改善，而資

訊技術的改革就是從類比（analog）改為數位化（digital），整體資訊革命的重要技術大致有下列項目：

　　1.CPU技術：這二十年頻率速度從10MHz進步到550MHz，計算速度從0.5MIPS進步到800MIPS，集成度也由29K進步到100M以上。

　　2.儲存技術：近十年硬碟（HD）、動態隨機存取記憶體（DRAM）平均每年都以12倍連續增長。

　　3.檢索技術：資料檢索技術也進步到全文檢索（Full Text Search），大大改變搜尋效率及方便性。

　　4.壓縮技術：如ZIP、JPG、TIF以及影音壓縮技術MPEGⅠ、Ⅱ、Ⅲ等都逐步成熟而且標準化。

　　5.寬頻技術：包含ADSL、Cable Modem、Direct PC及Wireless等正快速的產品化。

　　6.通訊技術：包含FDMA、TDMA及GSM都已產品化，未來將更成熟的CDMA也將進入產品化階段。

　　7.通訊媒介：包含雙絞線、光纖等技術已成熟。

　　8.網路技術：包含BBS、HTML、CGI、JAVA、XML等網路技術，使網路的人機介面更方便、也更活潑。

全球掀起4C產業購併、整合之風

　　由於網際網路、有線電視、網路多媒體、數位通訊、以及寬頻網路等科技的急遽發展，世界各國的通訊、資訊、電腦及娛樂業等產業已經有全方位變動的趨勢。

　　網際網路的多元與顛覆，讓原本在各產業領域中各安其事、各佔山頭的廠商，因為一條普及大眾化的網路，成為頭角

峥嶸的競爭對手，或者攜手並進，成為禍福與共的聯盟。從近兩年的新聞中不難發現，4C產業積極的在整合，其型態主要有跨業經營、相互購併及策略聯盟，朝向網路寬頻化、數位化（Digitalization）、專業化（Specialization）、全球化（Globalization）以及相連性（Connectivity）之發展。

　　跨媒體經營是擋不住的趨勢，各國相繼而起的大媒體潮吸引來自不同行業的業者群起加入，彼此合縱連橫、購併競爭，如下文及**表4.1**所示。

　　1.**有線電視業者投入電腦網際網路服務事業**：美國第二大有線電視公司Time Warner與第三大有線電視公司MediaOne於1997年10月結盟，擴大整合寬頻網路服務公司The RoadRunner Group。

公司名稱	併購／投資公司	併購／投資金額	日期
微軟（MICROSOFT）	NTL Inc.(Britain, CATV)	$500 Million	1999/2
	AT&T(USA, STBOF CATV)	$ 5 Million	1999/5
	Falcon(USA, CATV)	$ 3.6 Million	1999/5
	Rogers Comm.(Canadia, CATV)	$400 Million	1999/7
	UPC(Germany, CATV)	$247 Million	1999/9
	Titus Comm.(Japan, CATV)	$925 Million	1999/11
	和信(Taiwan, CATV)	$ 35 Million	1999/11
美台電訊（AT&T）	Miami-Dade(USA, CATV)	$100 Million	1999/10
Korea Electric power Crop.	(Korea CATV Network)	$ 75 Million	1999/3
NTL	CWC(Britain, CATV)	$ 13 Million	1999/7
COX Comm	Gannett Co.(USA, CATV)	$ 2.7 Million	1999/7
UPC	Amsterdam CATV	$ 2.3 Million	1999/6
	Czech CATV	$150 Million	1999/6
NTL	UK CATV	$ 1.5 Million	1998/6

表4.1　1999年世界投入CATV的重要事記

2.電信業者併購有線電視產業：美國第一大電信業者AT&T於1998年6月以480億美元併購美國第一大有線電視業者TCI；1999年5月宣布將以540億美元併購第三大有線電視業者MediaOne，而第四大有線電視者Comcast隨後也加入競價，唯恐有線電視市場被AT&T全面佔據。

3.電腦業者投資有線電視產業：微軟（Microsoft）公司於1999年5月宣布以50億美元投資TCI。

4.網路服務業者併購電腦軟體公司：全球最大的網路服務公司America Online（AOL）於1998年11月以42億美金收購網景（Netscape）公司，並與另一家軟體公司Sun結合，結束了纏鬥數年的Netscape與Microsoft之戰，形成Microsoft與AOL兩強對峙。

5.娛樂業者投入網際網路事業：1991年1月，家庭娛樂媒體之王迪士尼（Disney）公司正式進軍網路市場，買下知名入口網站Infoseek，並針對家庭上網用戶推出Go入口網站。。

6.電信業者結盟投入傳播網路事業：1999年10月，英國電訊（British Telecom）公司與美台電訊（AT&T）公司聯合投資100億美元，成立跨國傳播網路計畫。

7.無線電視業者投入網路事業：哥倫比亞廣播公司（CBS）於1999年10月以1億美元投資Iwon。

8.網路接取服務業者購併整合：EarthLink與MindSpring於1999年9月宣布將在2000年以股票交換之方式合併，成為僅次於AOL的第二大網路接取服務業者。

9.媒體業者併購整合：美國第三大無線電視網維康公司於1999年9月宣布以347.6億美金之股票收購哥倫比亞廣播公司，金額創下歷來媒體併購的最高紀錄。

寬頻服務應運而生

來自網際網路接取資訊的需求不斷增加，已造成傳統電話網路產生壅塞現象，加上新興的應用服務逐漸風行，更使得人們開始渴求更大的頻寬以傳送包括語音、數據及影像等不同類型的資訊，寬頻服務於是應運而生。

寬頻與窄頻最大的不同，在於寬頻的內容融合了大量的多媒體及特效，需耗費大量的頻寬，而且寬頻網路所需求的資金、技術與人才都遠勝於窄頻網路。

■寬頻網路簡介

所謂「寬頻網路」是利用網路的壓縮及數位技術，提升現有的網路傳輸效能及資料傳送能力，可容納更多的網路資料同時傳送，也就是充分提高資料傳輸效率的一種網路。根據ITU建議書I.113對寬頻一詞所下的定義為：「傳輸速率大於1.544Mbps（北美）或2.048Mbps（歐洲）以上者為寬頻服務」。

將網際網路架構在寬頻網路之上，將使人們的生活更方便也更具效率。對個人來說，寬頻網路最大的好處是速度夠快，由於寬頻網路加大了傳輸的頻寬，使得多媒體的資料能夠快速的在網路上流動，對時間有限的人們是相當重要的。

隨著網際網路的普及率愈來愈高，網頁的內容（contents）愈來愈豐富，例如：電影、MTV、新聞、電視節目直播、以及虛擬實境等，這些網路多媒體的資料內容龐大，需要頻寬夠大的網路承載，而新世代的寬頻網路剛好彌補了一般窄頻網路耗時的缺點，使得用戶在遨遊網際網路時無須再枯等。除擷取資

料，寬頻網路的應用尚包括遠距教學、視訊會議、隨選視訊、網路廣播、線上電玩、家庭保全、電子商務應用等。

　　頻寬不僅是電信業傳輸的資源，也是網路商機資產。對企業而言，頻寬已不再被視為傳統基礎建設之成本，而可視為加速企業成長不可或缺的重要原料。頻寬之於網路經濟時代的重要性就像煤、鋼之於工業時代一般，只有靠擁有足夠的頻寬，公司才能創造與顧客、供應商及其它事業夥伴之間緊密的關係，而若沒有足夠的頻寬來做為資訊傳輸的工具，那麼企業的經營主動權便不能實現。

■寬頻上網

　　為了滿足用戶對頻寬的需求。近年來，相關的通訊廠商依其本身的網路特性，發展出許多寬頻的傳輸技術，包括混合式光纖同軸網路（Hybrid Fiber Coaxial; HFC）、非對稱數位用戶迴路（Asymmetric Digital Subscriber Loop; ADSL）、直播衛星（Direct PC）、分碼多重接取（Code-Division Multiple Access; CDMA）、微波視訊傳播（Multichannel Multipoint Distribution System; MMDS）等。

　　寬頻上網的主要方式可分為下列三種：

　　1.**有線寬頻**：包括以混合光纖同軸纜線網路為媒介的纜線數據機以及非對稱數位用戶迴路系統。前者是把數位訊號轉換成類比訊號及逆向轉換，速度超過一般撥接數據機近百倍。後者則是利用數位訊號調變技術，在傳統電話雙絞線上傳送高頻寬資料。

　　2.**無線寬頻**：主要的方式是使用直播衛星上網。運用人造衛星傳輸資料，用戶端以碟型天線接收器來接收資料，但需靠撥接數據機（Modem）上傳資料，因此不是雙向的寬頻網路。

3. **行動通訊**：主要是利用分碼多重接取的方式上網。

如果上網下載軟體的時間可以縮短，對於用戶的電話費（以數據機上網），以及上網的網路維護費都可以大幅的減少，而且也可以減少等待的時間。各類寬頻傳輸產品與傳統傳輸產品速度相比，傳輸10M資料以非對稱數位用戶迴路系統以及纜線數據機兩種有線寬頻產品所需要的時間最短，其次是直播衛星，傳統的數據所花費的時間最長，如**圖4.2**所示。

由於台灣地狹人稠，高樓密佈，屬於海島型多雨氣候，個人及家庭用戶較不適合使用衛星碟型天線來接收資料的直播衛星，而行動通訊傳輸技術競爭方興未艾。因此，現階段市場上較為熱門的技術是非對稱數位用戶迴路系統與纜線數據機兩種。因此，本章的研究重心放在有線寬頻上網的部分。

■寬頻有線電視網路

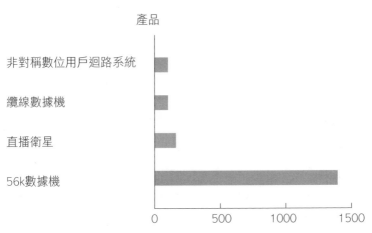

資料來源：東森寬頻城市，http://www.ethome.net.tw/，1999

圖4.2 各種傳輸產品速度比較

　　以雙向的750MHz混合光纖同軸纜線作為傳輸媒介，利用一般有線電視播放系統中所用不到的550～750MHz作為資料傳輸的下行頻道，而每個頻道可以容載28條T1（1.544Mbps）的傳輸頻寬，提供約500到1500位使用者上網共用。

　　有線電視業者的角色是提供用戶迴路的纜線，利用原本沒有傳送節目的頻道做網路資料的傳輸。消費者可以同時收看有線電視和寬頻上網，而業者每個月的收入也就同時多出一筆寬頻上網的月租費用。

　　運用纜線數據機有線電視業者主要有，Excite@Home、Time Warner、MediaOne所組成CableLabs，在他們積極的推動下，1996年1月成立MCNS（Multimedia Cable Network System），制定纜線上網（Data over Cable）所需的相關標準，DOCSIS（Data Over Cable Service Interface Specification）的標準已從1997年陸續訂定，1998年3月ITU通過其為國際認證標準。1999年3月，美國CBF（Cable Broadband Forum）決定檢測各家纜線數據機產品的相容性，通過者給予認證，檢定單位為CableLabs。

■寬頻電信網路

　　寬頻電信網路是利用非對稱數位用戶迴路系統的架構，以現有的電話銅線、電信機房等設備，強化其數位壓縮及交換的技術。不同的交換設備及壓縮技術，可提供不同頻寬的傳輸需求。電話線除可打電話，還可同時上網傳送高速的數據資料。

　　於用戶端與電信機房內分別加裝非對稱數位用戶迴路系統設備，在現有的電話銅線上利用更多的頻寬以及高於4,000Hz的頻帶，使資料傳輸速度加快。一般而言，線路長度愈短，電纜線徑愈大，其傳輸速度愈快，但若要使傳輸效果達到基本狀

態，用戶端與電信機房之間的線路長度須在5公里以內。

國內的寬頻市場

■NII寬頻上網計畫

面對網路環境快速的變遷，我國在1996年由行政院主導，成立國家資訊基礎建設（NII）小組，大力推動國內民眾上網，其主要措施包括「三年300萬」、「百萬商家上網」、「政府機關電子化」等多項政策。而「三年300萬人上網」的目標已於1998年12月提早達成。

目前我國網際網路的使用人口已經超過420萬人，隨著國內網路使用人口不斷地成長，網路頻寬的不足也成為網路使用者最為關心的課題。建立寬頻國家是全球的趨勢以及各國政府致力的目標，我國自不例外。為確保建立現代化、寬頻化、高速化之新網路，加速國家整體之經濟效率，並提昇我國國際競爭力，行政院NII推動小組決定加速推動「寬頻網路計劃」，預計達成「2000年底300萬人寬頻上網」的目標，朝「寬頻到府」的理想開跑。

為配合行政院NII推動小組對用戶端寬頻接取網路保證每部電腦有至少64Kbps以上的頻寬，並有效解決網路塞車問題，預計在2000年底完成「300萬人分封寬頻上網」的目標，朝「寬頻到府」的理想，及達成交通部要求兩年內寬頻到府高速上網目標，並提出用戶快速便捷的服務，由中華電信公司規劃寬頻接取網路建設計畫。

除了既有電信業者，在傳播科技匯流的趨勢之下，有線電

視產業已經不只是單向的影視節目訊息配送媒體，在過去十年間，臺灣有線電視業者鋪設的同軸電纜，已經鋪設到將近七成五的家庭和公司行號，已為寬頻網路打下了穩固的基礎。而就技術層面，交通部主導的「有線電視與電信網路整合先導性實驗計畫」集合「和信超媒體」與「東森寬頻網路科技」兩家公司進行有線電視高速寬頻網路的研發、實驗與試用，都已經相當成熟了。

■修法讓市場更自由化

在舊有線電視法中，有線電視系統不得自行鋪設幹線網路，必須向交通部設置的電信機構或許可的電信事業機構鋪設租用（參照舊法第4條），此外還禁止電信業者與有線電視系統業者跨業經營（參照舊法第22條第5款），使得有線電視業者跨足網際網路的進度躊躇不前。1999年1月15日新修正的「有線電視廣播法」，在新法中明示了有線廣播電視系統經營者得經營電信業務，除了可以自行設置網路外，今後業者有意經營固定式網路服務、電腦網路服務乃至於網路電話等業，僅須依電信法相關規定即可（參照新法第4、5條），把寬頻網路建構時程、所有權結構、外資比例等問題，交由交通部依電信法來裁定。

在新法中刪除了有線廣播電視事業與電信事業跨業經營限制的規定（參照新法第24條），寬頻網路事業的所有權結構也因之充分自由化與市場化。

為因應全球電信自由化與最新發展趨勢，我國交通部電信總局也於1998年年底開放衛星行動與固定通訊業務，目前國內利用衛星鏈路提供通訊服務的業者，包括華允電訊與年代快捷網路兩家業者。華允電訊由台泥水泥、台揚科技、美國休斯網

路所組成,並由中華電信提供中新一號衛星轉頻器,已於1998年年底陸續提供直播衛星網際網路服務;而年代快捷網路主要是利用年代集團旗下多個節目頻道,以及與內容供應商的合作,同時提供電視節目與網路資訊的雙重服務。

■ADSL與Cable Modem之戰

目前寬頻技術以非對稱數位用戶迴路(ADSL)、有線電視纜線數據機(Cable Modem)上網與直播衛星網路(Direct PC)為主要發展技術,尤其以前兩者競爭最為激烈。非對稱數據用戶迴路系統與有線電視纜線的客戶層擺在重度上網者及SOHO族市場,後者則體認到衛星與走地面的網路架構不同,較適合高附加價值服務,而轉攻企業型用戶如**表4.2**。由於直播衛星的架構與地面網路架構不同,故在本書中將不予討論。

寬頻網路的建構,對壅塞日益嚴重的網際網路而言,無疑是一道曙光,因此在中華電信計劃推出非對稱數據用戶迴路系統(即網易通HiFly)服務之時,也格外受到矚目。中華電信很早就開始佈建非對稱數據用戶迴路系統網路,並先行提供中小學連網使用,並於1999年8月31日推出一般民眾申請的非對稱數據用戶迴路系統服務。而原本預定10月起推出非對稱數據用戶迴路系統服務的SeedNet也不甘示弱,亦隨即提供非對稱數據用戶迴路系統連線服務,而且SeedNet所提供的非對稱數據用戶迴路系統連線服務附有十六個合法IP,較HiNet多了一倍。

在非對稱數據用戶迴路系統服務競爭激烈時,寬頻技術的另一選擇有線電視網路也正發展地如火如荼。

國內兩大有線電視系統業者東森媒體科技與和信超媒體已在1998年底推出服務,目前的用戶數分別為3,000戶、

7,000~8,000戶，和信超媒體更表示到1999年年底，使用者將可突破一萬戶。除了和信多媒體及東森寬頻城市大力推廣纜線數據機上網，國內不少ISP也紛紛向獨立有線電視靠攏，尋求合作，SeedNet 與仲琦資訊即是一例。SeedNet與台中西海岸、大

項目	非對稱數據用戶迴路系統寬頻網路	纜線數據機 網路
網路建構者	目前僅中華電信一家	有線電視業者
最大涵蓋範圍	台灣地區95%以上	台灣地區75~80%（集中於城市人口聚多區域）
投資建設	目前僅中華電信一家整體建設，網路架構單純	由系統業者、有線電視業者與ISP共同合作，網路架構較複雜，變數多
接取網路架構	星形，維修容易，個別電路，不影響他人	串接形，維修複雜，障礙會互相影響
傳輸速度	下行可高至9Mbps 上行可高至1Mpbs ※與傳輸距離有關	● 單向Cable Modem: 　下行200K~400K 　上行採一般電話撥接 ● 雙向Cable Modem: 　上、下行均可達 　200K~400K ※與同時使用用戶數多寡有關
上網服務品質	HiNet國內、外頻寬足夠	出國頻寬仍不足，欠缺保障
數據、視訊、語音服務品質	佳	可
網路安全	佳	差

資料來源：工研院電通所ITIS計畫整理/中華電信HiNet，1999/9

表4.2 非對稱數據用戶迴路系統與纜線數據機上網比較表

屯、全南投、嘉義世新、大世界、南桃園、北視、信和、吉元
等九家業者簽約，其中台中西海岸已提供一百名用戶免費試
用，其他地區也將陸續開放試用。而仲琦資訊則是與智耀科技
及美商HSAC（High Speed Access Corp.）策略聯盟，引進DOCSIS技
術標準與有線電視頭端設備，未來仲琦將負則國內外寬頻網路
的建置，智耀科技則負責有線電視系統業者之間的市場行銷與
整合。整個台灣的有線寬頻產業整理如**表4.3**所示。

寬頻市場的卡位戰

　　寬頻產業市場構面分析根據「競爭領域」（competitive scope）
的廣窄，及「競爭優勢」（competitive advantage）的兩大構面，我
們依據寬頻市場之特性，加以修改，產業構面分析根據「競爭
領域」（competitive scope）附加價值的高低，及「競爭優勢」
（competitive advantage）屬於專注於網路（Network focused）或專注於
內容（content focused）的兩大構面，將產業區隔成四種不同的競

技術	廠商
ADSL	中華電信
	SeedNet
	仲琦資訊
	其他ISP業者
Cable Modem	東森媒體科技
	和信超媒體
	獨立有線電視系統業者
	→SeedNet及仲琦分別與獨立有線電視系統業者合作

表4.3　廠商群組

爭策略群組，依據台灣寬頻市場之現況，繪表如圖4.3。

　　「競爭領域」的附加價值高低之區分如圖4.4，由圖之左而右，附加價值隨之增加。「競爭優勢」區分為專注於網路（Network focused）及專注於內容（content focused）兩種。專注於網路之市場定位為注重網路品質，經營重點在於維持線路普遍性及良好的通訊品質，提供之服務類型有連線服務、網際電信，對於企業用戶提供高接取品質（high performance access），對於一般家庭用戶則為多媒體的接取（multimedia access）。專注於內容之市場定位為提供豐富的內容，經營重點在於創意、並掌握上網者喜好，提供之服務類型有電子商務、線上資訊，對於企業用戶提供豐富的資訊（premium information），對於一般家庭用戶則是提供豐富的娛樂（premium entertainment）。

　　目前台灣家庭總戶數約600萬戶，其中有線電視收視戶達到450萬戶，普及率75%，其中有150萬戶是私接戶。由有線電視收視普及的情況來看，纜線數據機發展的潛力無限。

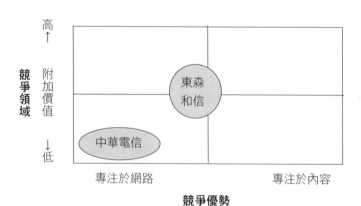

資料來源：本章修改自工研院電通所ITIS計畫，1999/11

圖4.3 我國寬頻網路服務業者策略定位

圖4.4 網際網路服務內容附加價值之高低

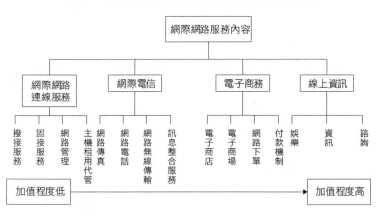

資料來源：工研院電通所ITIS，1999/4

■東森寬頻城市（EThome）

　　東森目前已提供寬頻上網服務的地區有台北市（部份）及新竹市（全區），預計台北市可於1999年底前全面提供雙向寬頻上網，台北縣、新竹縣、台中縣、彰化縣、台南縣、屏東縣、花蓮縣則預計在明年底前提供寬頻上網服務。未來將由16家東森系統台及36家策略聯盟系統台提供寬頻服務，涵蓋約260萬收視戶。至1999年9月底止，累積cable modem訂戶數為 3,290戶，已裝機完成3,084戶。

　　目前東森寬頻網路已建立3條T1線對外連接，並以512K、218K備援，另有一條T3連至Twix當作ISP之間的交換，除了因應用戶數量和需求的成長而逐步增加聯外的寬頻外，也採用Cache Engine和Proxy Server的技術增快了用戶的連網速度。

　　在1999年12月3日東森媒體科技、年代集團及數位聯合電

信（SeedNet）共同宣布，聯名提供有線寬頻上網服務，合資成立寬頻資訊服務公司，共同開發寬頻客戶與資訊內容，結合彼此在媒體、頻道及網路平台的優勢，透過現有用戶升級方式，在一年內創造20萬名寬頻上網用戶。同時，未來三家公司也將攜手開拓包括大陸在內的華人寬頻網路市場。

目前東森寬頻城市網路的寬頻內容包含了生活、理財、新聞、音樂、電影、遊戲、科技六大主題。

■和信超媒體（Giga）

和信超媒體各以2條T1（1.544Mbps）和HiNet及SeedNet互聯，近期將會提升至T3（45Mbps）的頻寬；未來也會利用和信集團的衛星上鏈（Up-stream），以分散主幹網路（Backbone）的負荷並具有備援的意義。

和信超媒體目前已在台北市（部份）、台北縣（部份）、基隆縣（部份）、宜蘭縣（部份）、桃園縣（部份）、台中市（全區）、台南縣（部份）、台南市（部份）、高雄市（全區）共九個縣市推出

雙向上網	
纜線數據機	免費借用（註）
維護費	月費1,250元，不限時數上網或年繳十二個月13,500元，不限時數上網
裝機費	1,000元
單向上網	
纜線數據機	免費借用（註）
維護費	月費900元，不限時數上網或年繳十二個月9,700元，不限時數上網
裝機費	1,000元

註：酌收3,000元保證金，用戶連續使用服務滿一年後，交回纜線數據機時保證金無息退還；使用未滿一年者，交回纜線數據機保證金不退還。

資料來源：東森寬頻城市，http://www.ethome.com.tw/，1999/12

表4.4 東森寬頻費率表

單向寬頻上網。和信1999年底簽約系統台將增至28家，將涵蓋全國約338萬戶及73%以上的上網用戶，十二縣市可單向寬頻上網，待各有線電視系統台通過查驗後，2000年將開始提供雙向寬頻上網服務。目前和信超媒體cable modem用戶約有7000~8000左右。

和信GigaNet在1999年2月領先全球推出第一個華文寬頻網站，目前共有VNN Giga新聞網、Infoway資訊匣道、Mad Load抓狂、GameGx電玩快打GX、G財網、Juice就是音樂，包含了新聞、科技、下載、財經、遊戲、生活娛樂資訊六個網站。

和信1999年11月12日與微軟公司簽訂投資合作協定內容，微軟以3500萬美元，約11億台幣取得和信超媒體10%的股權，雙方將就技術發展、網站內容、行銷、電子商務等方面進行合作，共同發展華文寬頻網路市場。

■獨立有線電視系統業者與SeedNet合作之寬頻網路現況

目前與SeedNet簽訂纜線網路實驗計劃合約的有線電視業者包括：台中西海岸及大屯、全南投、嘉義世新、南桃園、基

Cable Modem 0租金方案	
Cable Modem收費	免費租借
每月連線費	包月制，每月999元，不限時數上網
網路卡	1,000元含安裝（自備者無此費用）
裝機費	費用一：有線電視分線費：視各地有線電視系統而定
	費用二：Cable Modem安裝費：1,000元（自行安裝者無此費用）

資料來源：和信超媒體，http://www.giga.net.tw，1999/12

表4.5 和信Giga費率

隆大世界、新竹北視、苗栗信和,以及苗栗吉元等九家有線電視公司。在SeedNet與有線電視業者的合作模式中,SeedNet負責提供雙向傳輸的技術支援,有線電視業者則提供纜線,而SeedNet現有分佈全省的70餘萬撥接高使用量用戶,則為潛在的纜線網路用戶。

■獨立有線電視系統業者與仲琦資訊合作之寬頻網路現況

為因應即將到來的寬頻上網時代,符合用戶對上網速度與品質的要求,仲琦資訊、智躍科技,以及美商HSAC公司採取策略聯盟方式,整合仲琦資訊、智躍科技現有之網路骨幹頻寬、各地的機房和撥接門號、引進HSAC所提供符合 DOCSIS標準的設備和技術支援,以及未來的網路硬體設備和成立市場推廣計劃。三方策略聯盟的合作模式是由仲琦資訊推出寬頻網路服務,制定寬頻網路服務的市場價格及模式,交由智躍擔任仲琦寬頻網路服務的全國總代理,仲琦並負責建置全國撥接門號及撥接伺服設備,提供連接網際網路所需的島內主幹頻寬及連外頻寬,研發和提供用戶各項線上服務。而智躍科技則是國內最早提供有線電視單向寬頻服務的業者,也是目前國內最大的寬頻網路服務提供者,現有服務已涵蓋台北、新店、桃園、中壢、新竹、豐原、台中、太平、大里、彰化、嘉義等地區,目前Cable使用戶約為一萬人,撥接使用者約為二萬人,預計在推廣此項服務後,用戶數將擴增為150萬以上。

■中華電信─網易通(Hifly)

中華電信非對稱數據用戶迴路系統(ADSL)網路的服務涵蓋率已經達到84.2%,超越原訂1999年底涵蓋率63.9%的目標,

根據行政院NII「2000年底三百萬用戶使用分封網路上網」的目標，將在2000年年底之前完成台灣全島的網路架設，依照目前ADSL建設速度，此一目標可提前達成。

中華電信的非對稱數據用戶迴路系統建設分為G.Lite和G.dtm兩種，前者的速度可以達到1.5Mb，計畫在2000年底前達到97%的服務涵蓋率，後者的傳輸速度可以達到8MB，2000年底目標涵蓋率為50%。目前中華電信已完成台北、桃園、新竹、台中、嘉義、台南、高雄、花蓮等地區的骨幹交換機及網管系統，在各骨幹交換機間以STM-1（155Mbps）相連，構成全國骨幹網路。

中華電信自1999年8月底開放民眾申請非對稱數據用戶迴路系統網路，提供512K、768K、1536K、3M、6M五種速率供網友選擇，每種速率的電路月租費都有商務型及基本型兩種（商務型電路集縮比1:1，基本型電路集縮比3:1），並且設計了低裝費高租費、高裝費低租費兩種計費方式供網友選擇。除此之外，教育部決定在中小學連網計畫中，採用中華電信的非對稱數據用戶迴路系統方案，以月租費2,500元的方式，提供全省中小學上網。中華電信自8月底開始提供非對稱數據用戶迴路系統服務，目前安裝用戶已超過9,000戶，增加速度相當驚人，中華電信同時也計畫提升環島骨幹網路頻寬，預期2000年底時將增為2.5GB（十位位元組），為目前的十六倍。**表4.6**、**表4.7**為網易通之費率表。

表4.6 Hifly商務型費率表

計費方式	低裝費					低租費				
服務等級	一	二	三	四	五	一	二	三	四	五
下行速率(bps)	512k	768k	1563k	3M	6M	512k	768k	1563k	3M	6M
上行速率(bps)	64k	128k	384k	512K	640K	64k	128k	384k	512k	640k
接線費（每台）	1,500					7,500				
設定費	200					200				
自備終端設備障礙檢查費	900					900				
電路月租費	1,350	1,600	2,300	3,200	6,400	1,100	1,350	2,050	2,700	5,400

資料來源：Hifly中華電信網易通，1999/12

表4.7 Hifly基本型費率

計費方式	低裝費					低租費				
服務等級	一	二	三	四	五	一	二	三	四	五
下行速率(bps)	512k	768k	1563k	3M	6M	512k	768k	1563k	3M	6M
上行速率(bps)	64k	128k	384k	512K	640K	64k	128k	384k	512k	640k
接線費（每台）	1,500					7,500				
設定費	200					200				
自備終端設備障礙檢查費	900					900				
電路月租費	900	1,000	1,300	2,000	4,000	700	800	1,100	1,600	3,200

資料來源：Hifly中華電信網易通，1999/12

東森媒體科技公司簡介

隨著媒體科技日新月異的發展與網際網路的全球化，不僅人類的生活方式，因而產生極大的改變，現有的媒體產業結構，也徹底受到其影響。台灣是一個四面環海的島嶼，擁有位居世界第三的資訊產值，就各項工業條件而言，是相當適合科技產業發展的優良環境。台灣若欲躋身資訊科技國際舞台，不只是得擁有尖端資訊，還必須掌握資訊的流通管道和運用，成為一個資訊科技島。

1995年7月設立的東森媒體科技公司（以下簡稱「東森」），著眼於這新科技與大媒體趨勢，自成立起便積極投資國內有線電視、結合3C業界、提昇網路產業的經濟效益，並協助電子化政府的落實。另方面則透過跨國、跨集團的策略聯盟合作，接受政府專案委託，協助進行多項前衛、新穎的實驗計劃，包括經濟部的「寬頻城市研究發展實驗計劃」、台北市「大安區實驗計劃」和新竹科學園區的「有線寬頻視訊網路計劃」等。

在此大媒體時代裡，東森扮演以下經營角色：有線電視產業規模經濟與效率化的經營者、民間資訊高速公路（寬頻網路）跨世紀的工程建設打造者、寬頻網路附加價值的應用經營者及

涵蓋有線電視、電信、資訊網際網路及電子商務的跨業策略聯盟合作經營者。

1995/07	公司成立，名為東聯先進多媒體股份有限公司
1997/06	獲經濟部委託辦理為期二年的民間科技專案—「寬頻城市研究發展實驗計畫」
1997/08	台北市區雙向寬頻光纖同軸網路正式施工
1997/09	更名為東森媒體科技股份有限公司
1997/09	成立多媒體寬頻網路實驗室
1998/03	與新竹科學園區簽訂「有線寬頻視訊網路建設計畫」，締造全國首座寬頻網路社區
1998/03	成立寬頻網路展示中心，供產官學參觀
1998/04	與美國西方公司（US WEST）簽訂寬頻網路顧問諮詢合作計畫，提供光纖同軸混合網路架構評估、光纖同軸混合／電話網路架構規劃、有線電視數據規劃、營運支援系統架構分析、行銷規劃與成本評估模式建立等六項顧問服務
1998/10	開始提供新竹科學園區有線電視寬頻數據服務
1999/03	成為全國第一家榮獲有線電話「光纖同軸混合網路工程設計開發及建設」的品質系統認證
1999/05	完成「新竹科學工業園區有線寬頻視訊網路建設計畫」
1999/05	網路事業部重新調整組織並擴大業務範圍，以專責統籌規劃網路各項業務，包括電信網路建置、維護、推廣與HFC網路相關技術支援、研發與諮詢服務
1999/06	更名為「東森媒體科技股份有限公司」
1999/07	舉辦經濟部委託之民間科技專案「寬頻城市研究發展實驗計畫」成果發表暨技術移轉簽約儀式
1999/11	美國資本國際公司、亞洲基建基金公司投資新台幣23億元，創下外資投資國內網路服務事業的最高紀錄。
1999/12	宣佈與年代集團及數位聯合電信（SeedNet）將合作推出聯名寬頻上網服務，並將合資成立寬頻資訊服務公司

資料來源：東森媒體科技公司/中時電子報，1999

表4.8 東森媒體科技大事記

圖4.5 東森組織圖

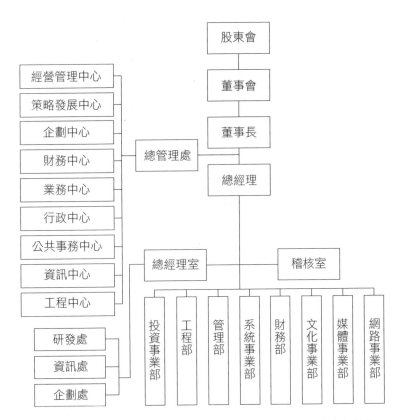

- **主要股東**：野村、華登國際、華開財務顧問公司、新加坡政府基金、新加坡匯亞、花旗集團、遠東倉儲、國產集團、華新華麗集團、頂華雙子星公司、中國力霸、力霸建設、富邦集團、美國資本國際公司、亞洲基建基金公司。

- **經營團隊**：董事長（王令麟）；副董事長（焦佑麒）；執行長（王令甫）；副執行長（程鵬飛、李友江）；總經理（陳光毅）；副總經理（徐言、李昊瞳、施朝福、戴國良、張樹森、胡念曾、黃耀一）。

圖4.6 力霸集團與東森媒體集團

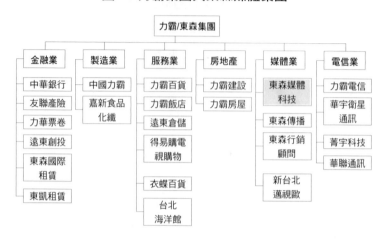

```
                    力霸/東森集團
```

金融業	製造業	服務業	房地產	媒體業	電信業
中華銀行	中國力霸	力霸百貨	力霸建設	東森媒體科技	力霸電信
友聯產險	嘉新食品化纖	力霸飯店	力霸房屋	東森傳播	華宇衛星通訊
力華票卷		遠東倉儲		東森行銷顧問	菁宇科技
遠東創投		得易購電視購物		新台北邁視歐	華聯通訊
東森國際租賃		衣蝶百貨			
東凱租賃		台北海洋館			

資料來源：東森媒體科技公司，1999

經營理念

　　網際網路的發展改變了人類的生活，以這樣一個炙手可熱的公共技術來說，究竟有多少層面涉入人們的日常生活？在重視資訊媒體的時代，東森精心規劃設計下列三項遠景：

　　1.**雙向互動資訊媒體服務**：指在家中透過寬頻網路從片庫中訂購自己喜歡的影片觀賞，或完成包括轉帳付款、電子購物、電子教學等

　　2.**高速的網際網路服務**：全省積極鋪設的750MHz混合式光纖同軸寬頻網路。

　　3.**完善的有線電視與電信的結合服務**：因應國家電信自由化的政策，藉由寬頻網路的完成，將可提供客戶更舒適便利的整合型3C服務。

經營範疇

　　東森提供的服務範圍甚廣：1.網路技術開發行銷。2.有線電視網路規劃設計。3.HFC光纖同軸網路統包工程。4.有線電視多系統經營管理。5.影片及電視節目製作。6.國內外專業頻道代理。7.廣告製作代理、文化事業。

未來展望

　　全球資訊高速公路形成大媒體時代，使得科技化的多媒體生活即將走入家庭。東森期望能提供消費者整合4C服務，舉凡生活化的「數位有線電視服務」、高速化的「電腦網路服務」、資訊化的「有線電信服務」、多元化的「寬頻內容服務」，都成為東森服務社會大眾的一環，未來東森將與民間固網（市內、長途、國際電話）電信公司相互策略聯盟合作，促進資源結合綜效，提升資訊與電信產業及國家整體競爭力，為全國民眾提供更好、更多與更快的資訊媒體服務。

模式實證
東森的競爭優勢策略分析

步驟一：問卷調查、建立創新矩陣及統計分折

根據本章對寬頻服務的研究，整理出該公司之價值鏈，如圖4.7所示。然後著手下列各項的問卷設計，調查與統計分析，並建立創新矩陣。

圖4.7 東森媒體科技企業優勢創新矩陣

■企業優勢創新矩陣（核心資源分析）

核心資源的分析是利用問卷的方式，請受訪者就東森媒體科技目前各項企業核心價值活動的經營優勢，進行Liker 5尺度評量（1.極弱，3.普通，5.極強）。

創新種類分為P1，P2，O，本章將P1（產品）定義為企業主所提供的寬頻服務，P2（製程）定義為提供寬頻服務所需之技術，O為組織。創新性質分為I（漸近性改變），S（系統性改變），BT（突破性改變）。

東森媒體科技受訪者回答企業核心資源問卷的結果如**表4.9**所示。

企業核心資源	影響種類	影響性質	影響強弱
1.組織結構	O	S	3.50
2.企業文化	O	S	3.83
3.人事制度與教育訓練	O	S	2.75
4.員工忠誠與向心力	O	S	4.38
5.研發環境與文化	O	S	3.50
6.技術創新能力	P1, P2	S	4.00
7.資訊與智慧財產權的掌握	P1, P2	BT	4.33
8.設備/系統採購彈性	P2, O	I	3.88
9.與供應商的關係	O	I	4.00
10.設備維護能力	P2	I	3.42
11.網路構建能力	P2	I	3.83
12.目標市場的掌握能力	P1	I	4.67
13.國內行銷能力	P1	I	4.00
14.品牌與企業形象	P1, O	BT	4.50
15.服務的品質	P1	S	4.58

表4.9 東森媒體科技企業核心資源問卷統計結果

　　將表4.9的結果按（P1*I），（P1*S），（P1*BT），（P2*I），（P2*S），（P2*BT），（O*I），（O*S），（O*BT）的分類加以整理後，可求得出「東森媒體科技企業優勢創新矩陣」，如圖4.8所示。

　　「東森媒體科技企業優勢創新矩陣」顯示，東森媒體科技受訪者認為各項企業核心價值活動中，東森媒體科技在品牌與企業形象擁有相對優勢，資訊與智慧財產權的掌握次之，組織結構、企業文化、人事制度與教育訓練、員工忠誠與向心力、研發環境與文化則為相對弱勢。

　　企業核心資源回收之問卷，在平均數 μ=3、顯著水準 α=0.05的假設下，利用t-test進行檢定，檢定結果的資料顯示，P1*I、P1*S、P1*BT、P2*I、P2*S、P2*BT、O*I、O*BT的部份非常顯著。

影響種類	產品（P1）製程（P2）組織（O）	漸進式改變（I）	系統式改變（S）	突破式改變（BT）
	產品（P1）	目標市場的掌握能力（4.67）國內行銷能力（4.00）　　　　　　x̄=4.33	技術創新能力（4.00）服務的品質（4.58）　　　　　　x̄=4.29	資訊與智慧財產權的掌握（4.33）品牌與企業形象（4.50）　x̄=4.42
	製程（P2）	設備/系統採購彈性（3.88）設備維護能力（3.42）網路構建能力（3.83）　x̄=3.71	技術創新能力（4.00）　　　　　　x̄=4.00	資訊與智慧財產權的掌握（4.33）　　　　　　x̄=4.33
	組織（O）	設備/系統採購彈性（3.88）與供應商的關係（4.00）　　　　　　x̄=3.94	組織結構（3.50）企業文化（3.83）人事制度與教育訓練（2.75）員工忠誠與向心力（4.38）研發環境與文化（3.50）x̄=3.59	品牌與企業形象（4.50）　　　　　　x̄=4.50

影響性質

■：顯著大於整體平均水準。■：顯著小於整體平均水準。□：與整體平均水準無顯著差異。
x̄：方格內各項評量結果之平均數。

圖4.8 東森媒體科技企業優勢創新矩陣

■產業優勢創新矩陣（產業關鍵成功因素分析）

　　由前章得知，東森的主要競爭者是同樣提供寬頻服務的和信超媒體，和以技術見長的中華電信。本章即針對東森、和信、中華電信三者進行寬頻服務產業關鍵成功因素分析。

　　分析的方式為，請受訪者回答其本身（東森／和信／中華電信）與另二位競爭者（和信、中華電信／東森、中華電信／東森、和信），對各項產業關鍵成功因素的掌握程度（1.極弱，3.普通，5.極強）。由於篇幅有限，本文僅列出東森受訪者的問卷結果，接下來的創新矩陣SWOT分析、差異矩陣分析亦僅陳述本問卷結果所得的結論。問卷的統計結果如**表4.10**所示。

產業關鍵成功因素	創新種類	創新性質	創新評量強弱				差額 $(5)=(4)-(3)$
			和信 (1)	中華電信 (2)	競爭對手 (3) = [(1) + (2)] /2	東　森 (4)	
1.技術資訊獲取能力	P1, P2	I	4.29	4.43	4.36	4.14	-0.21
2.外資技術合作	P1, P2	S	3.86	3.14	3.50	3.86	0.36
3.新技術預測能力與學習	P1, P2	BT	2.86	3.43	3.14	3.71	0.57
4.網路管理與維護能力	P2	I	3.57	4.71	4.14	3.57	-0.57
5.計費及帳單處理能力	P1	S	3.86	3.43	3.64	3.57	-0.07
6.規模經濟優勢	P2	I	4.00	4.86	4.43	3.14	1.29
7.員工素質與人事管理	O	S	4.57	3.86	4.21	4.00	-0.21
8.組織制度與管理能力	O	I	3.86	3.43	3.64	4.86	1.21
9.品牌與企業形象	P1,O	BT	4.00	4.43	4.21	3.57	-0.64
10.服務創新與開發能力	P1	I	4.00	4.43	4.21	4.71	0.50
11.豐富的上網服務內容	P1	I	3.00	3.86	3.43	4.29	0.86
12.全功能服務的能力	P1	I	3.86	4.29	4.07	3.71	-0.36
13.顧客需求的掌握	P1	I	4.14	3.57	3.86	4.14	0.29
14.市場領導優勢	P1	I	4.00	4.86	4.43	4.00	-0.43
15.範圍經濟優勢	P1, P2	S	4.14	4.43	4.29	4.14	-0.14
16.財務支援	O	I	4.71	4.57	4.64	4.57	-0.07
17.費率組合設計	P1	I	6.29	3.71	5.00	4.57	-0.43
18.經營者的經營理念	O	S	4.14	2.86	3.50	4.86	1.36
19.法規制度的掌握	P1, P2	BT	4.14	4.29	4.21	4.86	0.64

表4.10 產業關鍵成功因素問卷統計結果

圖4.9 東森的產業優勢創新矩陣

影響種類		漸進式改變（I）	系統式改變（S）	突破式改變（BT）
影響種類	產品（P1）	技術資訊獲取能力（4.14） 豐富的上網內容（4.29） 顧客需求的掌握（4.14） 市場領導優勢（4.00） 費率組合設計（4.57） $\bar{x}$=4.23	外資技術合作（3.86） 計費及帳單處理能力（3.57） 服務創新與開發能力（4.71） 全功能的服務（3.71） 範圍煙濟優勢（4.14） $\bar{x}$=4.00	新技術預測能力與學習（3.71） 品牌與企業形象（3.57） 法規制度的掌握（4.86） $\bar{x}$=4.05
影響種類	製程（P2）	技術資訊獲取能力（4.14） 網路管理與維護能力（3.75） 規模經濟優勢（3.14） $\bar{x}$=3.62	外資技術合作（3.86） 範圍經濟優勢（4.14） $\bar{x}$=4.00	新技術預測能力與學習（3.71） 法規制度的掌握（4.86） $\bar{x}$=4.29
影響種類	組織（O）	財務支援（4.57） $\bar{x}$=4.57	員工素質與人事管理（4.00） 組織制度與管理能力（4.86） 經營者的經營理念（4.86） $\bar{x}$=4.57	品牌與企業形象（3.57） $\bar{x}$=3.57

影響性質

$\bar{x}$：方格內各項評量結果之平均數。

　　將東森受訪者自評的結果加以計算後，可得「東森產業優勢創新矩陣」，如圖4.9所示。

■競爭對手創新矩陣

　　將東森受訪者評量其競爭對手和信、中華電信的部分同樣加以計算，分別求得到「和信產業優勢創新矩陣」、「中華電信產業優勢創新矩陣」，將兩競爭者的產業優勢創新矩陣作平均，求得「競爭對手產業優勢創新矩陣」，如圖4.10所示。

圖4.10 東森的競爭對手產業優勢創新矩陣

影響種類	漸進式改變（I）	系統式改變（S）	突破式改變（BT）
產品（P1）	技術資訊獲取能力（4.36） 豐富的上網內容（3.43） 顧客需求的掌握（3.86） 市場領導優勢（4.43） 費率組合設計（5.00） x̄=4.22	外資技術合作（3.50） 計費及帳單處理能力（3.64） 服務創新與開發能力（4.21） 全功能的服務（4.07） 範圍經濟優勢（4.29） x̄=3.94	新技術預測能力與學習（3.14） 品牌與企業形象（4.21） 法規制度的掌握（4.21） x̄=3.85
製程（P2）	技術資訊獲取能力（4.36） 網路管理與維護能力（4.14） 規模經濟優勢（4.43） x̄=4.31	外資技術合作（3.50） 範圍經濟優勢（4.29） x̄=3.90	新技術預測能力與學習（3.14） 法規制度的掌握（4.21） x̄=3.68
組織（O）	財務支援（4.64） x̄=4.64	員工素質與人事管理（4.21） 組織制度與管理能力（3.64） 經營者的經營理念（3.50） x̄=3.78	品牌與企業形象（4.21） x̄=4.21

影響性質

■：顯著大於整體平均水準。■：顯著小於整體平均水準。□：與整體平均水準無顯著差異。
x̄：方格內各項評量結果之平均數。

　　將東森受訪者所填的關鍵成功因素問卷，進行t-test，統計軟體為SPSS。檢定結果顯示，在P1*I、P1*S、P1*BT、P2*I、P2*S、P2*BT、O*I、O*BT非常顯著的各項關鍵成功因素。

■顧客需求創新矩陣（顧客需求分析）

　　由國內分析可知，在本章著述期間台灣寬頻的使用者僅一萬戶至一萬五千戶，約佔台灣總人口的千分之零點六，市場非常的小。但由全球寬頻服務分析我們可以得知，目前大行其道的ISDN成長將趨緩、市場佔有率下降，提供寬頻服務的Cable modem/xDSL將快速成長，搶佔大量市場。所以對於東森而

言，了解顧客對寬頻服務的需求是非常重要的。

　　本章針對有寬頻使用經驗、或了解寬頻服務的顧客進行顧客需求分析，請受訪者就其對各項寬頻服務需求的重要性，給予五尺評量（1.極不重要，5.非常重要）。共回收三十份問卷，問卷整理彙總後如表4.11所示。按表4.11結果加以計算後可得顧客需求創新矩陣，如圖4.11所示。

　　由圖4.11顧客需求創新矩陣得知，顧客對技術系統性的需求（包括網路品質、固障排除）最為重視，服務系統性次之；對於組織漸近式的需求（行銷組合）最不重視。檢定的資料顯示，在P1*I、P1*S、P2*I、P2*S、O*S的結果都非常顯著。

顧客需求特性	影響種類	影響性質	影響強弱
1.價格	P1	I	4.03
2.網路品質	P2	S	4.63
3.即時服務	P1	I	4.00
4.網路服務內容	P1	S	3.77
5.免費郵件信箱	P1	I	3.10
6.電子商店服務	P1	I	2.83
7.行銷組合	P1, O	I	2.63
8.080免付費電話服務	P1	I	3.80
9.服務態度	P1	I	3.80
10.帳務服務	P1	S	4.07
11.故障排除	P2	S	4.33
12.安裝服務	P1, P2	I	3.73
13.專業服務人員	P1, P2	I	3.73
14.品牌企業形象	O	S	3.53

表4.11 顧客需求特性的創新性分析問卷結果

圖4.11 東森的顧客需求創新矩陣

影響種類		漸進式改變（I）	系統式改變（S）	突破式改變（BT）
產品（P1）		價格（4.03） 既時服務（4.00） 免費郵件信箱（3.10） 電子商店服務（2.83） 行銷組合（2.63） 080免付費電話服務（3.80） 服務態度（3.80） 安裝服務（3.73） 專業服務人員（3.73） x̄=3.52	網路服務內容（3.77） 帳務服務（4.07） x̄=3.92	x̄=0 *
製程（P2）		安裝服務（3.73） 專業服務人員（3.73） x̄=3.73	安裝服務（4.63） 專業服務人員（4.33） x̄=4.48	x̄=0 *
組織（O）		行銷組合（2.63） x̄=2.63	品牌企業形象（3.35） x̄=3.35	x̄=0 *

影響性質

■：顯著大於整體平均水準。　■：顯著小於整體平均水準。　□：與整體平均水準無顯著差異。
x̄：方格內各項評量結果之平均數。

步驟二：創新SWOT分析

　　經由核心資源分析、產業關鍵成功因素分析分別得到：(1)企業優勢創新矩陣、(2)產業優勢創新矩陣、(3)競爭對手創新矩陣；經(1)+〔(2)-(3)〕的計算所得的「企業實質競爭優勢創新矩陣」則代表東森媒體科技公司所掌握的實質競爭優勢；由顧客需求分析所得的「顧客需求創新矩陣」代表著寬頻服務產業的潛在機會，將兩個矩陣放在同一個矩陣，即可得「東森的創新SWOT矩陣」，如圖4.12所示。

　　由圖4.12得知，東森在技術突破性擁有相對實質競爭優勢，服務突破性次之。在技術漸近式則為相對實質競爭弱勢，組織漸近式次之。

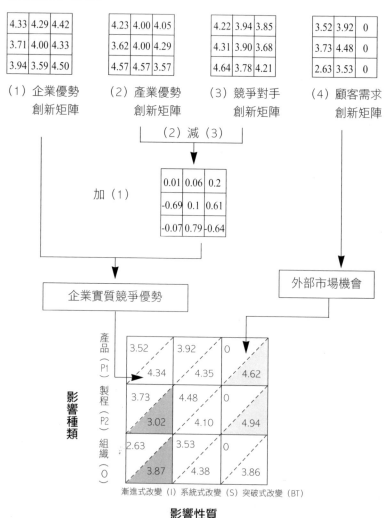

圖4.12 東森的創新SWOT矩陣

步驟三：策略意圖創新分析

　　根據問卷的結果，本章歸納出東森現階段對未來的策略及目標有：創造超高寬頻虛擬世界、提供多樣化網路加值服務、成為3C媒體科技市場領導者、2000年在美國上市、提供雙向互動資媒體服務、提供高速的網際網路服務、提供完善的有線電視與電信的結合服務。根據這些策略目標，請東森受訪者回答各項策略的重要性（1.極不重要，3.普通，5.非常重要）。回收問卷經整理彙總後如**表4.12**所示。按表4.12結果加以計算後可得策略意圖矩陣，如**圖3.13**所示。

　　策略意圖問卷的檢定結果顯示，在P1*I、P1*S、P1*BT、P2*I、P2*S、P2*BT、O*I、O*S、O*BT各項策略意圖的結果都非常顯著。

策略目標	影響種類	影響性質	影響強弱
1.超高寬頻虛擬世界	P2	BT	4.43
2.多樣化網路加值服務	P1	S	4.71
3.3C媒體科技市場領導者	P1, P2, O	BT	4.86
4.2000年在美國上市	P1, O	I	4.43
5.雙向互動之媒體服務	P1, P2	I	3.86
6.高速的網際網路服務	P2	S	4.43
7.完善的有線電視與電信的結合服務	O	S	4.86

表4.12 策略意圖的創新性分析

圖4.13 東森的策略意圖創新矩陣

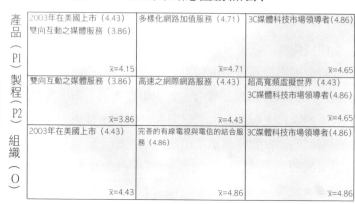

	漸進式改變（I）	系統式改變（S）	突破式改變（BT）
產品（P1）	2003年在美國上市（4.43） 雙向互動之媒體服務（3.86） x̄=4.15	多樣化網路加值服務（4.71） x̄=4.71	3C媒體科技市場領導者（4.86） x̄=4.65
製程（P2）	雙向互動之媒體服務（3.86） x̄=3.86	高速之網際網路服務（4.43） x̄=4.43	超高寬頻虛擬世界（4.43） 3C媒體科技市場領導者（4.86） x̄=4.65
組織（O）	2003年在美國上市（4.43） x̄=4.43	完善的有線電視與電信的結合服務（4.86） x̄=4.86	3C媒體科技市場領導者（4.86） x̄=4.86

影響種類（左欄標題）　影響性質

■：顯著大於整體平均水準。▨：顯著小於整體平均水準。□：與整體平均水準無顯著差異。
x̄：方格內各項評量結果之平均數。

步驟四：差異性分析

　　將「東森的創新SWOT創陣」減去「策略意圖矩陣」，可以求得一「差異矩陣」，如圖4.14所示。由差異矩陣的結果，進一步檢視東森現階段所擬定的目標及策略意圖，是否能發揮組織所擁有的實質競爭優勢，以及對市場機會的掌握程度。彙總分析的結果如圖4.15所示，說明如下：

　　1.P1*I：可再進一步發揮東森在目標市場的掌握能力與服務品質上的實質競優勢。

　　2.P1*S、P1*BT、P2*I、P2*S：充份發揮東森在技術創新能力、設備/系統採購彈性、設備維護能力、網路構建能力、

圖4.14 東森之差異矩陣分析

(1)策略意圖矩陣　－　(2)創新SWOT矩陣　＝　(3)差異矩陣

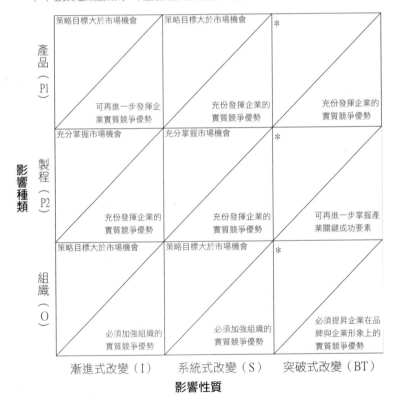

4.15	4.71	4.86
3.86	4.43	4.65
4.43	4.86	4.86

－

3.52／3.92／0／
／4.34 ／4.35 ／4.62
3.73／4.48／0／
／3.02 ／4.10 ／4.94
2.63／3.53／0／
／3.87 ／4.38 ／3.86

＝

0.63／0.79／4.86／
／-0.19 ／0.36 ／0.24
0.13／-0.05／4.65／
／-0.48 ／-0.33 ／-0.29
1.8／1.33／4.86／
／-0.56 ／0.48 ／1.00

註：（＋）值表示企業野心太大，企業目標與策略意圖大於外在機會或企業本身所擁有的資源能力。
　　（－）值表示企業過於保守，未能充分發揮企業優勢或未能充分掌握外在機會。

影響種類

產品（P1）

策略目標大於市場機會	策略目標大於市場機會	＊
可再進一步發揮企業實質競爭優勢	充份發揮企業的實質競爭優勢	充份發揮企業的實質競爭優勢

製程（P2）

充分掌握市場機會	充分掌握市場機會	＊
充份發揮企業的實質競爭優勢	充份發揮企業的實質競爭優勢	可再進一步掌握產業關鍵成功要素

組織（O）

策略目標大於市場機會	策略目標大於市場機會	＊
必須加強組織的實質競爭優勢	必須加強組織的實質競爭優勢	必須提昇企業在品牌與企業形象上的實質競爭優勢

漸進式改變（I）　系統式改變（S）　突破式改變（BT）
影響性質

＊由於顧客需求分析的結果無法得知顧客需求的突破式需求，所以在此不作論。

圖4.15 東森的差異矩陣

資訊與智慧財產權的掌握之實質競爭優勢。

　　3.P2*BT：東森可再進一步掌握寬頻服務產業的關鍵成功要素，包括新技術預測能力與學習、法規制度的掌握。

　　4.O*I、O*S：必須加強東森在組織結構、企業文化、人事制度與教育訓練、員工忠誠與向心力、研發環境與文化、供應商關係上的實質競爭優勢。

　　5.O*BT：提昇東森在品牌與企業形象的實質競爭優勢。

步驟五：結論與建議

■結論

　　經由產業分析、國內市場概況分析，可獲得四點結論：

　　1.技術面：寬頻技術日新月異，多媒體數位技術及壓縮技術成熟，使提供寬頻服務的基礎技術日臻完備，寬頻上網不是夢，而是指日可待。

　　2.市場面：網際網路市場需求成長率倍增、電子商務商機無限。

　　3.寬頻網路併購及策略聯盟風潮愈演愈烈，大者恆大。

　　4.創造競爭優勢：經濟規模及服務的差異化。

■建議

　　1.從寬頻服務的介紹及大者恆大的結論，建議東森應整合三個市場－IAP, ISP, ICP，以發揮綜效。

　　2.根據企業實質優勢創新性分析的結果顯示，東森在「技術資訊獲取能力、網路管理與維護能力、規模經濟優勢」呈現

相對弱勢。因此建議東森應積極增加異業聯盟，以快速提昇技術資訊獲取能力及網路管理與維護能力。

3.根據國內市場概況分析顯示，台灣有線電視收視戶為450萬戶，而目前Cable modem的用戶僅約1萬戶，因此建議東森應掌握現有的有線電視收視戶，刺激市場需求，即早卡位以擴大市場佔有率，方能發揮規模經濟的優勢。

4.根據顧客需求創新性分析的結果顯示，顧客最重視的是「網路品質、故障排除」，所以建議東森應提供高品質的網路服務以滿足顧客需求。

5.根據顧客需求創新性分析的結果顯示，顧客第二重視的是「網路服務內容」，而比爾蓋茲亦有句名言：「Content is the king.」，由此可知content的重要性。所以本章建議東森應提供豐富的上網內容滿足顧客需求，並可進一步建構華文網路服務內容，以掌握全球華文市場。

IPS產業篇

●模式實證●

SEEDNet的競爭優勢策略分析

網際網路自發展以來，
即呈現迅速蓬勃地成長，
根據NUA Internet Surveys的估計，
網際網路的使用人口
將自1995年的2600百萬人，
成長至2005年的3.5億人。
探究其成長的驅動力，
不外乎來自各種加值服務的出現、
上網成本逐漸降低、
以及各種高速傳輸技術不斷發展等。
而不論是採取何種設備連接網際網路
或是運用何種加值服務，
基本上都必須透過與網際網路服務提供者
（Internet Service Provider；ISP）
的連接，
才能享受各式各樣的網際網路服務，
因此，ISP在網際網路中扮演了
相當重要的中介角色。

ISP：網際網路服務的提供者

　　ISP（Internet Service Provider；網際網路服務的提供者）原本泛指在網際網路上提供各種服務的業者，其服務項目包括了連線服務、加值服務、電子商務等等，但由於連線服務為網際網路上最根本的一項服務，因此，現今所指的ISP業者基本上通常

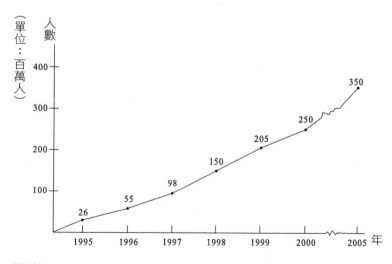

資料來源：NUA Internet Surveys, 1999 Bell Labs Seminar, 1999/12

圖2.1 全球網際網路人口發展

必須有提供連線服務，但不一定有提供其他的加值服務。

ISP的類型及服務

如**表5.1**所示，ISP業者大致上可分為八種類型：

1.既有電信業者（Incumbent TO）：如中華電信、美台電訊（AT&T）、BT、NTT等。

2.新進入電信業者（New Entrant TO）：如太電、MCI、WorldCom等。

	Content ownership	骨幹網路	System Integration	Web Service	內容組合	Internet Accwss	Local loop
既有電信業者		●					●
新進入電信業者		●					●
有線電視業者							●
數據專線業者		●				●	
IT業者			●				
線上服務提供者					●	●	
內容提供者		●					
其他行業進入者							

資料來源：Analysys, 工研院電通所，《網際網路服務提供者之商機探討》，pp.20，1999

表5.1 各類型ISP核心活動

3.有線電視業者（Cable Operator）：如東森、和信、@Home、Time Warner 等。

4.數據專線業者（Independent ISP）：如台灣電訊、英普達、吉立通等。

5.資訊科技業者（IT Player）：宏碁、IBM、微軟、SEEDNet等。

6.線上服務提供者（Online Service Provider）：如AOL等。

7.內容提供者（Internet Content Provider）：如年代、Time Warner等。

8.其他行業進入者（Brand-driven ISP）：如Dixons等。

各類型的ISP業者在提供服務時，根據其本身原本所具有的競爭優勢，都有其不同的核心活動。例如骨幹網路（Backbone）為電信業者及數據專線業者的核心活動；內容組合（Content Packaging）為線上服務提供者的核心活動；至於其他行業的進入者則有可能以其中任何一項為其核心活動，或是根本上並不

	連線加值服務	網際電信	電子商務	線上資訊
加值服務	主機租用 主機代管 網路管理	無線通訊 網路傳真 UMS VOIP	電子商店 電子商場 網路下單	資訊類 諮詢類 娛樂類
基礎服務	網路連線服務			
	撥接服務 固接服務			

低　　　　　　　　　　加值服務　　　　　　　　　　高

資料來源：工研院電通所，《網際網路服務提供者之商機探討》，pp.24，1999

表5.2 ISP提供的服務層級

以上述活動為其核心活動。

　　在ISP業者所提供的服務方面，基本上分為基礎服務與加值服務兩類。基礎服務包含撥接服務及固接服務，即各ISP所必須提供的連線服務；加值服務的範圍則十分廣泛，包含網站管理、主機代管、網路電話、網路傳真、電子商務、線上資訊等，各項服務的加值程度也有所不同，如**表5.2**所示。

ISP市場概況

　　全球ISP業者目前在服務的提供上，仍然大多以連線服務（即撥接服務與固接服務）為主。在加值服務方面，雖然目前仍佔營業收入（以下簡稱營收）的小部分，但預計未來將會逐年地提

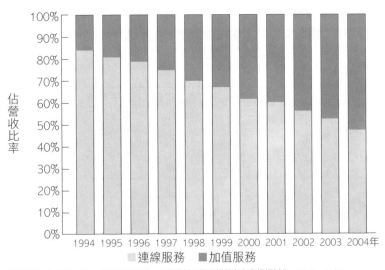

資料來源：Frost & Sullivan, 工研院電通所，《網際網路服務提供者之商機探討》，pp.115，1999

圖5.2 美國ISP業者營收比例分佈

高其比例。以美國為例，如圖5.2所示，根據Frost & Sullivan的
調查，1998年美國ISP業者的營收中，連線服務佔總營收的69
％，加值服務佔31％，但估計到了2004年，連線服務的比例將
會降至43％，而加值服務的比例將會大幅地提升至57％，佔其
營業額的一半以上。

　　在國內ISP業者方面，如圖5.3所示，根據工研院電通所的
調查，1998年國內ISP業者的營收中，撥接服務佔58％，固接服
務佔32％，兩種連線服務合計便佔了總營收的90％，為其營收
的主要來源。由於美國為網際網路領域的先鋒，國內在網際網
路服務上的發展也大多追隨美國的腳步，因此，雖然目前國內
業者的連線服務比例仍然高達90％，預期未來必將逐步降低在
連線服務方面的營收比例，轉而加強在加值服務上的比重。

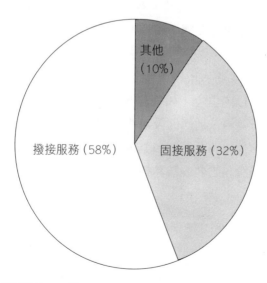

資料來源：工研院電通所，《網際網路服務提供者之商機探討》，pp.57，1999

圖5.3 國內ISP業者營收比例

表5.3 ISP業者市場定位

市場定位	專注於網路	專注於內容
專長	線路的品質	豐富的內容
經營重點	● 維持線路普遍性 ● 良好的通訊品質	● 創意 ● 掌握上網者喜好
提供服務類型	連線服務、網際電信 企業用戶：high performance access 一般家庭用戶：multimedia access	電子商務、線上資訊 企業用戶：premium information 一般家庭用戶：premium entertainment

資料來源：工研院電通所，《網際網路服務提供者之商機探討》，pp.121，1999

　　由於ISP市場的蓬勃成長，ISP業者的數目也不斷地激增，因此各家ISP業者紛紛根據其核心能力，企圖創造與其他業者不同的服務與產品，或是在品質與價格上與其他業者有所差異化，以保有、甚至擴張其原有的市場，因此目前ISP服務市場是呈現百家爭鳴的狀態，根據工研院電通所的估計，目前國內的ISP業者約有30家左右，不過市場集中度卻相當高，前三大ISP業者的營收約佔市場總營收的80％，在用戶數方面則約佔85％。在市場定位上，如表5.3所示，ISP業者的市場定位大致上可簡單分為專注於網路及專注於內容兩類，專注於網路的業者以維持實體線路的品質為其重心；而專注於內容的業者則以提供、創造服務的內容為其經營重心。

數位聯合電信（SEEDNet）公司簡介

SEEDNet原本是1990年7月經濟部委託資策會執行的專案，它結合政府和和各界的資源，提供有關產品、廠商市場、技術等產業資訊，幫助產業界連結網際網路，掌握全球經濟脈動，進而提昇生產力與競爭力。1998年成立數位聯合電信股份有限公司，以下簡稱SEEDNet。

1990	● 開始相關研究發展工作
1991	● 高雄、新竹據點設立
	● 透過TANet 連上美國Internet
1992/7	● 開放國內產業試用
1994/10	● 開放國內個人用戶試用
1995/7	● 開使收費營運
	● 骨幹網路T1建置完成
1996	● 推出經貿塢（Web Hosting）服務
1997/1	● 與AT&T達成合作協議，建置 8條T1及1條T3國家連線
1998/8	● 數位聯合股份有限公司成立（後更名為數位聯合電信股份有限公司）
1998/9	● 取得第二類電信事業加值網路執照
1999/2	● 完成第二次現金增資，實收資本額15億
1999/3	● 與有線電視業者開始進行Cable Internet合作業務

資料來源：SEEDNet公開說明書，1998/8

表5.4 SEEDNet大事記

圖5.4 SEEDNet組織架構圖

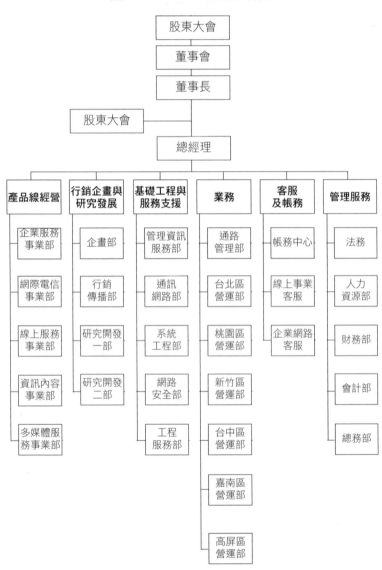

資料來源：SEEDNet公開說明書，1998/8

業務重點

■短期攻佔市場

　　1999年底前，SEEDNet致力於個人線上服務（即撥接業務），以及企業網路服務（包括企業專線、網站代管及主機代管）的市場擴張，以擴大市場佔有率為目標。希望用戶能快速成長，使國際T3線路能充分運用。亦即，此兩項網路接續服務的營收，能支持頻寬所需的費用，此一營業目標是SEEDNet轉虧為盈的關鍵點。同時，以網際傳真為主的網際電信業務，營收將從每個月100萬元快速成長到1000萬元，使其成為主流業務之一。SEEDNet亦將投入適當的資源於電子商務、網路資訊（Content）、電子出版、網路廣告等新種業務的開發。

　　在業務別營收比率方面，網路撥接服務將從90%緩步下降到約80%，網路傳訊服務將從不到1%上升到約8～10%，其餘部分為網站代管、主機代管以及剛起步之線上加值服務與網站廣告業務。

■中期偏向質的成長

　　約自2000年初起至2001年底。預期市場成長將逐漸緩和，網路接續的市場成長率將會逐步下降。規模未達一定規模經濟的ISP將遭淘汰。在這段期間，預計個人及企業接續服務的成長將偏向於質的成長，及個人上網時數會加長，企業連網的頻寬會升級。不過由於使用者成熟度的增加，因此在接續服務的營收比率將80%再降至60～70%。

　　網站代管及主機代管服務在本階段會因為交易安全與信用卡、提款卡網路付款機制的成熟，而升級到網路收銀機代管與電子商場代管服務。企業對內與對外的出版品，也將以網路電子出版平台代管服務的型態出現，成為成熟的服務項目。因此，此部分的營收將有機會攀升到佔業務比重的15%～20%。

　　網際電信方面，網路電話會在此一階段成為主流業務，預計營業收益將大幅成長，與網路傳真業務合計，約可佔營業收益的15%～20%。

　　線上加值服務以及廣告業務由於國內的發展較為緩慢，產業上下游的分工體系與業務模式尚無規範，因此較難預測，可以從悲觀的5%到較樂觀的20%。目前線上加值服務已經成為各大ISP的發展重點，SEEDNet也已積極投入。

■長期發展加值與線上服務

　　自2002年起，預計在本地網路接續（Local Network Access）市場將遭遇多種接續環境（包括有線電視等）的競爭，SEEDNet在個人服務方面，網路接續的功能將會與其他網路合作。但將持續發展加值以及線上服務，預期在加值以及廣告服務收入的成長將成為此一業務的主流。

　　在企業連網方面，由於其他接續環境仍須依賴既有ISP長途以及國際頻寬，新興接續網路取代效果較為有限，而網際電信等的服務仍將持續成長（依賴ISP擁有的長途及國際頻寬）。在此期間，預期SEEDNet在網路接續等服務的收益，將維持在50%左右。

營運架構和現況

　　SEEDNet經營的策略思考架構如圖5.5所示。基本上SEEDNet目前的營收重心仍在資訊獲取階段，而語音及固網電

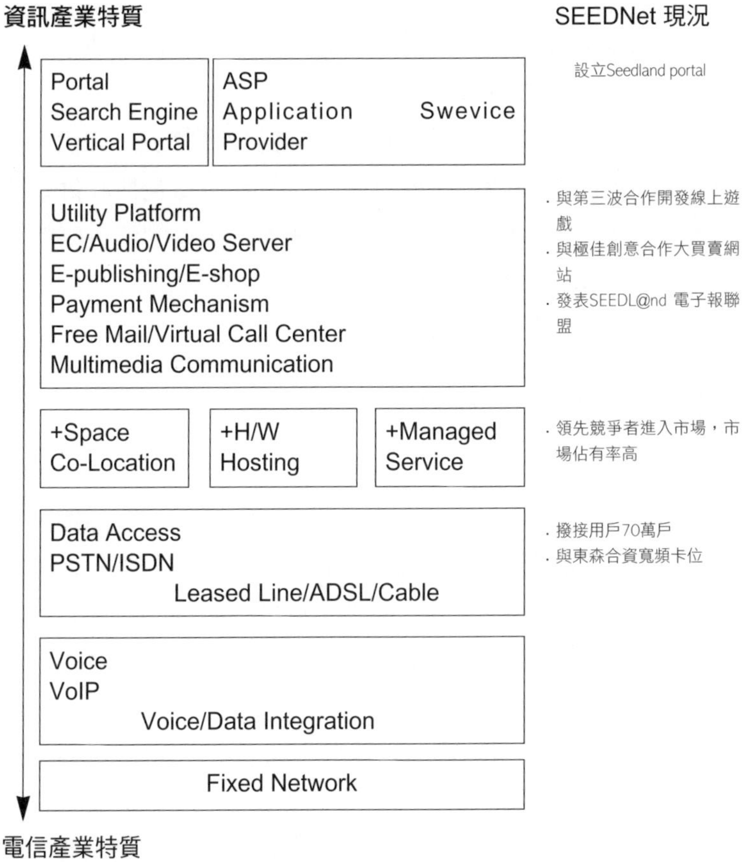

資訊產業特質　　　　　　　　　　　　　　　　**SEEDNet 現況**

Portal Search Engine Vertical Portal	ASP Application　　　Swevice Provider		設立Seedland portal

Utility Platform
EC/Audio/Video Server
E-publishing/E-shop
Payment Mechanism
Free Mail/Virtual Call Center
Multimedia Communication

. 與第三波合作開發線上遊戲
. 與極佳創意合作大買賣網站
. 發表SEEDL@nd 電子報聯盟

+Space Co-Location	+H/W Hosting	+Managed Service

. 領先競爭者進入市場，市場佔有率高

Data Access
PSTN/ISDN
　　　　　Leased Line/ADSL/Cable

. 撥接用戶70萬戶
. 與東森合資寬頻卡位

Voice
VoIP
　　　Voice/Data Integration

Fixed Network

電信產業特質

資料來源：SEEDNet，電子時報，2000/1/15

圖5.5　SEEDNet經營的思考策略架構

信產業的經營方式，SEEDNet並不擅長，這兩部分將與固網業者或未來的寬頻廠商保持良好的合作關係，以便以最好的成本取得網路的使用權；而從Data Access往上走就越接近資訊產業的遊戲規則，這是SEEDNet所長之處。

在Co-Location及經貿塢（Web hosting），SEEDNet都較競爭者搶得先機，當SEEDNet所投資的頻寬越多越大時，這兩方面的客戶就越多，達到經濟規模後，網路建設投資的固定成本所能產生的邊際效益就越能遞增。

此外，SEEDNet 將以提供電子商務平台的方式，提供企業架構電子商務網站時，前檯所需的所有軟體，包括收付款機制、購物車、會員管理系統及建構個人化服務的資料庫軟體等。此外，SEEDNet 未來將串連產業後端的物流體系，提供電子商務業者一套整體性的服務。

與HiNet的優劣勢比較

由表5.5可發現，HiNet在撥接業務上，佔有絕對的優勢，其市場佔有率超過50%，遠遠領先SEEDNet的18％；在專線用戶上，SEEDNet與HiNet的佔有率勢均力敵，相差並不大；而在網站代管以及主機代管方面，SEEDNet則是搶得市場先機，較HiNet更受用戶的肯定。

在SEEDNet與HiNet優劣勢比較方面，由於HiNet承襲自國營企業時的龐大資源，因此不論在硬體及形象上，都具有充分的優勢，但在客戶服務反應、加值服務方面，則評價較低；在SEEDNet方面，其優勢則是在技術運用、客戶服務方面，在軟硬體解決方案及客戶端硬體維護上較缺乏優勢。

表5.5　SEEDNet與HiNet市場佔有率比較

	SEEDNet用戶數	SEEDNet市場佔有率	HiNet市場佔有率
撥接用戶	611,541	18%	55%
專線用戶	1,982	46%	54%
網站代管用戶	618	67%	33%
主機代管用戶	41	81%	19%
虛擬郵局用戶	119	Na	Na
政府公報用戶	6,143	Na	Na

資料來源：SEEDNet公開說明書，1998/8

公司	優勢	劣勢
HiNet	● 企業及個人用戶知名度高。 ● 運用公營事業行形象快速累積用戶。 ● 掌握第一類電信資源協助ISP事業經營。 ● 與政府關係密切，政府網路業務直接交付執行。	● 一般客戶服務反應及處理較遲緩。 ● 無法提供客戶軟硬體解決方案。 ● 客戶硬體端規劃及維護能力較弱。 ● 加值服務較少。
SEEDNet	● 自有線路連接國外。 ● 頻寬充足，易上網。 ● 企業及個人用戶知名度高。 ● 網路管理及運用技術領先同業。 ● 自有線路連接國外。 ● 客戶問題，反應及處理快。	● 行業別應用領域待加強 ● 無法提供客戶軟硬體解決方案。 ● 客戶硬體端規劃及維護能力較弱

資料來源：SEEDNet公開說明書，1998/8

表5.6　SEEDNet與HiNet優劣勢比較

圖5.6 國內ISP業者策略定位

資料來源：工研院電通所ITIS計畫，《網際網路服務提供者之商機探討》，pp.142，1999

國內其它ISP業者的策略定位

　　如圖5.6所示，根據工研院電通所的研究，國內ISP業者中，由於各個業者其核心能力的不同，在市場上的定位也有所區別。例如東森、和信、年代三家業者，由於本身經營電視頻道，因此在網路資訊上的能力較強，而其中的東森與和信由於經營有線電視，因此在實體區域網路上同時也具有優勢；SEEDNet、HiNet及其他數據專線業者，則是在實體網路（包括區域及廣域網路）上，擁有較早進入市場的優勢，尤其是HiNet，由於承襲原本國營企業的豐富資源，在實體網路建設上，更是領先其他業者。

　　而根據各家業者策略定位的不同，策略聯盟的伙伴選擇也有所不同，基本上，都是以專注於內容的業者與專注於網路業者相互搭配聯盟為主。

SEEDNet的競爭優勢策略分析

步驟一:問卷調查

本章屬小樣本(樣本數<30)研究;本章問卷發放對象:

● SEEDNet員工:11份,包含企業核心資源、產業關鍵成功因素問卷、策略意圖問卷。

● HiNet員工:14份,產業關鍵成功因素問卷。

● ISP使用者(顧客):21份,顧客需求問卷。

步驟二:資料整理、建立創新矩陣和檢定

■企業優勢創新矩陣(企業核心資源分析)

在企業核心資源分析部分,係針對每一項核心資源對SEEDNet 創新活動所造成的影響,依影響的種類、性質及強弱三大構面,進行創新性及評量分析。每一項的核心資源項目,經過問卷及整理之後,如表5.7所示。

歸納及整理所得到的創新評量結果後,可得出用以表示SEEDNet核心資源的「企業優勢創新矩陣」,如圖5.7所示。

表5.7　SEEDNet 核心資源的創新評量

SEEDNet核心資源項目	影響種類	影響性質	評量結果
1. 組織結構	O	S	3.09
2. 企業文化	O	S	3.27
3. 人事制度與教育訓練	O	S	3.45
4. 員工忠誠度與向心力	O	S	3.45
5. 研發環境與文化	O	S	3.09
6. 技術創新能力	P1，P2	S	3.45
7. 資訊與智財權的掌握	P1，P2	BT	3.73
8. 設備採購彈性	P2，O	I	3.36
9. 與供應商的關係	O	I	3.55
10. 後勤支援能力	P2，O	S	3.27
11. 規模經濟的能力	P2	I	3.18
12. 客戶服務的能力	P2，O	I	4.27
13. 市場的掌握能力	P1	I	4.45
14. 行銷能力	P1	I	3.73
15. 品牌形象	P1，O	S	4.18
16. 價格/品質	P1	I	4.09
17. 產品創新程度	P1	BT	4.00
18. 頻寬成本控制能力	O	I	3.09
19. 網路建設能力	P2，O	S	3.18
20. 網路營運管理與維修能力	P2，O	I	3.73

　　由企業優勢創新矩陣的分析中，可以得到幾點重要的策略性義涵：

　　1.在產品的漸進式（P1*I）創新活動上，相對具有明顯的核心資源優勢。此部份的核心資源優勢源自於對市場的掌握能力、行銷能力以及價格、品質。

　　2.在製程的系統性（P2*S）創新活動，核心資源優勢相對不足。此部份有待加強的核心資源，包括有技術創新能力、後

勤支援能力及網路建設能力。

　　3.在組織的系統性（O*S）創新活動上，核心資源優勢相對
不足。此部份有待加強的核心資源，包括有組織結構、企業文
化、人事制度與教育訓練、員工忠誠度與向心力、研發環境與
文化、後勤支援能力、品牌形象及網路建設能力。

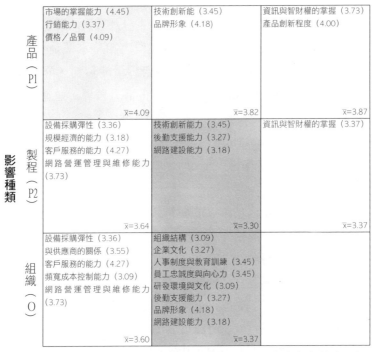

■：顯著大於整體平均水準。■：顯著小於整體平均水準。□：與整體平均水準無顯著差異。
x̄：方格內各項評量結果之平均數。

圖5.7 SEEDNet 的企業優勢創新矩陣

■產業優勢創新矩陣與競爭對方創新矩陣（產業關鍵成功因素分析）

在產業關鍵成功因素創新分析方面，目前市場佔有率最大的HiNet為例，進行SEEDNet與HiNet在產業關鍵成功因素的創新評量，用以瞭解SEEDNet與競爭者對產業關鍵成功因素的掌握程度。

首先，分別對SEEDNet與HiNet作本身及交叉的問卷調查，並進行獨立性檢定（t檢定），以檢定雙方給分水準是否一致？檢定結果發現不一致。於是改以各自評量的資料，分別計算SEEDNet和HiNet的產業關鍵成功因素的評分差異，並進行獨立性檢定（t檢定），結果發現二者一致（如圖5.8）。遂以圖5.8中，(1)×(3)方格中者做為SEEDNet的產業優勢創新矩陣，詳如圖5.9，(2)×(3)方格中者做為SEEDNet的競爭對手創新矩陣。詳見圖5.10。

彙總產業關鍵成功因素的創新類別，及產業優勢創新矩陣與競爭對手創新矩陣的評量差異，如圖5.8所示，由其中可以發現一些重要的策略涵義：

1. 在產品的漸進式（P1 *I）創新活動上，SEEDNet領先競爭對手HiNet。此部分的競爭優勢在於對顧客需求的掌握。

2. 在製程的漸進式（P2 *I）創新活動上，SEEDNet對關鍵成功因素的掌握相較於HiNet明顯不足。此部分的影響因素在於規模經濟優勢、網路設備來源掌控和行銷通路的掌握。

3. 整體而言，SEEDNet與HiNet的評量結果，分數差異性不大，顯示整體產業已有一家主導廠商的出現（Hinet），競爭態勢明顯，故各家業者對廠商間的強弱勢之處能有客觀的認知，且各家業者所掌握的優勢不同所導致。

圖5.8 SEEDNet與HiNet的問卷調查結果

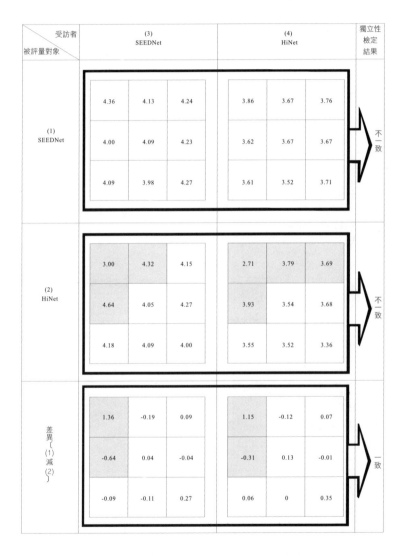

■：顯著大於或小於整體平均水準。　　　　　　　□：與整體平均水準無顯著差異。

圖5.9 SEEDNet的產業優勢創新矩陣

影響種類		漸進式改變（I）	系統式改變（S）	突破式改變（BT）
產品（P1）		顧客需求的掌握 x̄=4.36	技術資訊獲取能力 網路頻寬 安全性 產品／服務設計與創新應用 品牌與企業形象 市場領導優勢 客戶服務的能力　x̄=4.13	IT的能力 關鍵技術的掌握 全方位加值服務的能力 x̄=4.24
製程（P2）		規模經濟優勢 網絡設備來源掌控 行銷通路的掌握 x̄=4.00	技術資訊獲取能力 運籌管理能力 安全性 客戶服務的能力 Billing System 的管理能力 x̄=4.09	IT的能力 關鍵技術的掌握 x̄=4.23
組織（O）		網路設備來源掌控 網際網路人才 行銷通路的掌握 組織制度與管理能力 x̄=4.09	運籌管理能力 品牌與企業形象 客戶服務的能力 Billing System 的管理能力 x̄=3.98	IT的能力 x̄=4.27

影響性質

■：顯著大於整體平均水準。■：顯著小於整體平均水準。□：與整體平均水準無顯著差異。
x̄：方格內各項評量結果之平均數。

影響種類		漸進式改變（I）	系統式改變（S）	突破式改變（BT）
產品（P1）		顧客需求的掌握 x̄=3.00	技術資訊獲取能力 網路頻寬 安全性 產品／服務設計與創新應用 品牌與企業形象 市場領導優勢 客戶服務的能力　x̄=4.32	IT的能力 關鍵技術的掌握 全方位加值服務的能力 x̄=4.15
製程（P2）		規模經濟優勢 網絡設備來源掌控 行銷通路的掌握 x̄=4.64	技術資訊獲取能力 運籌管理能力 安全性 客戶服務的能力 Billing System 的管理能力 x̄=4.05	IT的能力 關鍵技術的掌握 x̄=4.27
組織（O）		網路設備來源掌控 網際網路人才 行銷通路的掌握 組織制度與管理能力 x̄=4.18	運籌管理能力 品牌與企業形象 客戶服務的能力 Billing System 的管理能力 x̄=4.09	IT的能力 x̄=4.00

影響性質

圖5.10 SEEDNet 的競爭對手創新矩陣

■顧客需求的創新矩陣

對企業的經營者而言，如何了解並滿足顧客需求，實為最大的挑戰。接下來進行顧客需求分析，評量結果如**表5.8**。

彙總上述的創新性評量的結果，可歸納出顧客需求創新矩陣，如**圖**5.11所示，藉此以了解顧客對網路服務提供的要求及需求程度的強弱。從上述顧客需求創新矩陣分析的結果中，可以推論出下列幾項策略性義涵：

● 在製程的漸進式（P2＊I）需求之較顯著，顯示在網路服務的產業中，對於價格資費、顧客服務態度、故障排除的要求較高。

● 顧客對突破性的創新活動之要求相對較低，顯示網路服務產業尚處於科技推動的階段，顧客較不瞭解業者推出之各項服務適用於自己的何種需求。

需求項目	影響種類	影響性質	評量結果
1. 連線品質	P1	I	4.24
2. 價格資費	P1,P2	I	4.38
3. 服務態度	P1	I	3.62
4. 服務功能	P1	IS	3.76
5. 品牌與企業形象	P1,O	S	3.38
6. 專業服務人員	O	I	3.24
7. 廣告設計	P1	I	2.62
8. 可靠度	P1,P2	S	4.00
9. 開通速度	P2,O	S	3.62
10. 正確的帳單	O	I	3.71
11. 故障排除	P2,O	I	3.81

表5.8 顧客需求特性的創新性分析

圖5.11 SEEDNet 的顧客需求創新矩陣

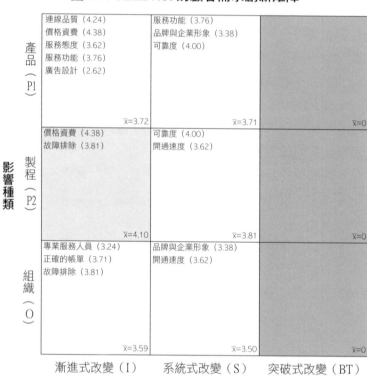

影響種類

	漸進式改變（I）	系統式改變（S）	突破式改變（BT）
產品（P1）	連線品質（4.24） 價格資費（4.38） 服務態度（3.62） 服務功能（3.76） 廣告設計（2.62） x̄=3.72	服務功能（3.76） 品牌與企業形象（3.38） 可靠度（4.00） x̄=3.71	x̄=0
製程（P2）	價格資費（4.38） 故障排除（3.81） x̄=4.10	可靠度（4.00） 開通速度（3.62） x̄=3.81	x̄=0
組織（O）	專業服務人員（3.24） 正確的帳單（3.71） 故障排除（3.81） x̄=3.59	品牌與企業形象（3.38） 開通速度（3.62） x̄=3.50	x̄=0

影響性質

■：顯著大於整體平均水準。■：顯著小於整體平均水準。□：與整體平均水準無顯著差異。
x̄：方格內各項評量結果之平均數。

步驟三：創新SWOT分析

　　在結合上述核心資源與產業關鍵成功因素的實質競爭優勢，以及瞭解顧客需求分析所得到的外在市場機會後，整合出創新SWOT矩陣，有系統、且完整地表達企業所擁有的優勢、

劣勢,與外在環境中所潛藏的機會與威脅。

■內部實質競爭優勢的創新評量

1.在產品的漸進式(P1*I)創新活動上,SEEDNet具有相對較強的實質競爭優勢。此一實質競爭優勢源自於SEEDNet所擁有的核心資源,包括設備採購彈性、規模經濟的能力、客戶服務的能力、網路營運管理與維修能力。

2.在產品的突破性(P1*BT)創新活動上,SEEDNet具有相對較強的實質競爭優勢。此一實質競爭優勢源自於SEEDNet所擁有的核心資源,包括資訊與智慧財產權的掌握以及產品創新程度。

3.在組織的突破性(O*BT)創新活動上,SEEDNet表現相對的弱勢,表示SEEDNet不具有組織突破性的核心資源。

■外部市場機會的創新評量

1.在製程的漸進式需求要求較高,顯示在網路服務的產業中,對於價格資費、服務態度、故障排除的要求較高。

2.顧客對突破性的創新活動要求較低,顯示網路服務產業尚處於科技推動的階段,顧客較不瞭解業者推出之各項服務適用於自己的何種需求。

步驟四:策略意圖創新分析

從SEEDNet的網站以及公開說明書的蒐集過程中,可以確認出SEEDNet現階段對未來的策略意圖及目標有以下六點:

1.華文市場ISP的領導者。

圖5.12 SEEDNet 創新SWOT矩陣

4.09	3.82	3.87
3.64	3.30	3.73
3.60	3.37	0

（1）企業優勢
　　創新矩陣

4.36	4.13	4.24
4.00	4.09	4.23
4.09	3.98	4.27

（2）產業優勢
　　創新矩陣

3.00	4.32	4.15
4.64	4.05	4.27
4.18	4.09	4.00

（3）競爭對手
　　創新矩陣

3.72	3.71	0
4.10	3.81	0
3.59	3.50	0

（4）顧客需求
　　創新矩陣

（2）減（3）

1.36	-0.19	0.09
-0.64	0.04	-0.04
-0.09	-0.11	0.27

加（1）

企業實質競爭優勢

外部市場機會

影響種類		漸進式改變（I）	系統式改變（S）	突破式改變（BT）
	產品（P1）	3.72 / 5.45	3.71 / 3.63	0 / 3.96
	製程（P2）	4.10 / 3.00	3.81 / 3.34	0 / 3.69
	組織（O）	3.59 / 3.51	3.50 / 3.26	0 / 0.27

影響性質

■：顯著大於整體平均水準。■：顯著小於整體平均水準。□：與整體平均水準無顯著差異。
x̄：方格內各項評量結果之平均數。

2.領先的技術，大眾化的價格。

3.積極整合網路及通訊服務。

4.在地的服務，宏觀的視野。

5.2001年上櫃上市。

6.2003年營業額60億元，每股盈餘（EPS）6元。

　　針對上述的策略意圖及目標的創新分析（如表5.9所示），同樣可以得到SEEDNet的策略意圖創新矩陣，如圖5.18。

　　由「策略意圖創新矩陣」的分析中，可以瞭解SEEDNet在組織創新活動上的幾項策略義涵：

　　1.SEEDNet在「領先的技術，大眾化的價格」上的策略意圖，較其餘策略意圖有更強烈的企圖心，原因是ISP主要的業務是撥接服務，如果能掌握「領先的技術，大眾化的價格」，便能在現實產業競爭環境中快速脫穎而出。

　　2.另一方面由於ISP產業具有規模經濟效果，在主要產品（撥接服務）的同質性高的情況下，獲利的來源在於壓低成本，並反映在產品售價以吸引更多顧客的投入，以產生正向的良性循環。在此邏輯下，提供「領先的技術，大眾化的價格」的服務便成為一種重要的競爭力來源。

策略意圖與企業目標	影響種類	影響性質	評量結果
1.華文市場ISP的領導者	P1,P2,O	BT	3.45
2.領先的技術，大眾化的價格	P1,P2	I	4.09
3.積極整合網路及通訊服務	P1,P2,O	S	4.09
4.在地的服務，宏觀的視野	P1,P2,O	S	3.64
5.2001年上櫃上市	O	S	4.18
6.2003年營業額60億，EPS6元	O	I	3.64

表5.9　SEEDNet策略意圖及目標的創新性分析

圖5.13 SEEDNet 的策略意圖創新矩陣

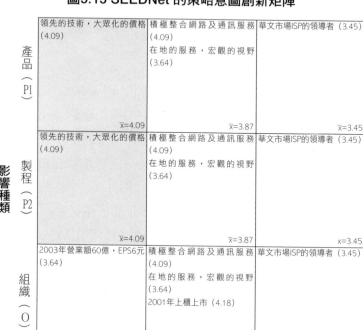

		漸進式改變（I）	系統式改變（S）	突破式改變（BT）
影響種類	產品（P1）	領先的技術，大眾化的價格（4.09） x̄=4.09	積極整合網路及通訊服務（4.09） 在地的服務，宏觀的視野（3.64） x̄=3.87	華文市場ISP的領導者（3.45） x̄=3.45
	製程（P2）	領先的技術，大眾化的價格（4.09） x̄=4.09	積極整合網路及通訊服務（4.09） 在地的服務，宏觀的視野（3.64） x̄=3.87	華文市場ISP的領導者（3.45） x=3.45
	組織（O）	2003年營業額60億，EPS6元（3.64） x̄=3.64	積極整合網路及通訊服務（4.09） 在地的服務，宏觀的視野（3.64） 2001年上櫃上市（4.18） x̄=3.97	華文市場ISP的領導者（3.45） x=3.45

影響性質

■：顯著大於整體平均水準。■：顯著小於整體平均水準。□：與整體平均水準無顯著差異。
x̄：方格內各項評量結果之平均數。

　　3.在突破性（BT）的創新活動上的組織目標與策略意圖，評量的結果分數相對較低，原因是成為華文市場ISP的領導者這個策略意圖對現階段SEEDNet來說仍有一大段距離，這部分可以作為公司長期努力的目標。

步驟五：差異性分析

在瞭解SEEDNet的策略意圖，並完成對企業所處內外環境的SWOT分析後，接下來，將針對SEEDNet所擬定的目標和策略意圖，與內外環境分析中所掌握的優勢與機會，進行差異性分析。藉由差異性矩陣的分析，可以進一步檢定SEEDNet在現階段所擬定的目標及策略意圖，是否能夠發揮組織所擁有的競爭優勢，以及掌握市場需求的機會。這個部分主要分成策略意圖與外部市場機會的掌握以及策略意圖是否符合企業實質競爭優勢兩個子部分來進行分析，以下將**圖5.14**的差異性矩陣，彙總說明如**圖5.15**所示，並得出下列幾點策略性義涵：

■策略目標與實質競爭優勢的配合程度（圖右下方）

1.在組織漸進式（O＊I）、產品系統性（P1＊S）、製程系統性（P2＊S）、以及產製程突破性（P2＊BT）的創新性活動上，檢定的結果均不顯著，表示SEEDNet目前所擬定的企業目標與

（1）策略意圖矩陣　－　（2）創新SWOT矩陣　＝　（3）差異矩陣

註：（＋）值表示企業野心太大，企業目標與策略意圖大於外在機會或企業本身所擁有的資源能力。
　　（－）值表示企業過於保守，未能充分發揮企業優勢或未能充分掌握外在機會。

■：顯著大於整體平均水準。■：顯著小於整體平均水準。□：與整體平均水準無顯著差異。
x̄：方格內各項評量結果之平均數。

圖5.14 SEEDNet 差異矩陣分析

策略意圖，都能充分掌握組織所擁有的核心資源與產業關鍵成功因素的實質競爭優勢。

2.在製程漸進式（P2*I）、組織系統性（O*S）以及組織突破性（O*BT）的創新活動上，目標與實質競爭優勢的差異性程度較大，顯示在企業目標與策略意圖的制訂上，超過現階段企業所擁有的資源及能力，因此SEEDNet必須在這部分繼續累

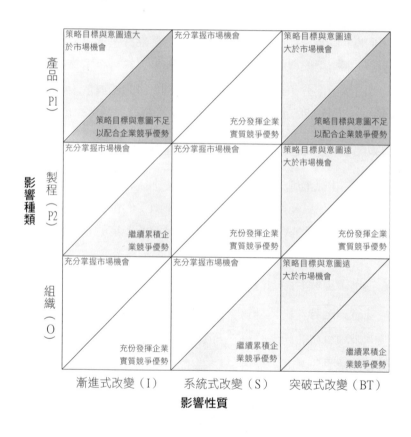

圖5.15 差異性矩陣

積能力，才能達到所擬定的目標。有待加強的部分，包括有對設備採購彈性、規模經濟的能力、客戶服務的能力、網路營運管理與維修能力、組織結構、企業文化、人事制度與教育訓練、員工忠誠度與向心力、研發環境與文化、後勤支援能力、品牌形象與網路建設能力等核心資源的持續累積與培養；以及規模經濟優勢、網路設備來源掌控、行銷通路的掌握、運籌管理能力、品牌與企業形象、客戶服務的能力以及Billing System的管理能力等產業關鍵成功因素上的提昇與加強。唯有持續累積及掌握這部份的核心資源及產業關鍵成功因素，才能達成領先的技術、大眾化的價格、整合網路及通訊服務、90年上櫃上市等目標，成為具有在地服務、宏觀視野的企業。

　　3. 除了產品漸進式（P1 ＊I）產品突破性（P1 ＊BT）以及製程突破性（P2 ＊BT）的創新活動上外，SEEDNet在組織目標與策略意圖上，都超過現階段企業所能掌握的實質競爭優勢。顯示SEEDNet對市場及組織的外來發展遠景充滿希望。

■策略目標與外在市場機會的配合程度（圖左上方）

　　1. 在製程漸進式（P2＊I）、組織漸進式（O＊I）以及產品、製程、組織系統性（P1 ＋ P2 ＋ O）＊（S）的創新活動上，策略目標與意圖和外在市場機會差異性程度不大，表示SEEDNet現階段的策略目標能充分掌握外在市場機會，達到滿足顧客需求的目的。

　　2. 在產品漸進式（P1＊I）以及產品、製程及組織的突破性（P1 ＋ P2 ＋ O）＊（BT）的創新活動上，所訂定的策略目標與意圖，明顯地超越現階段網路服務產業的外在機會。此部分創新評量的差異，顯示成為SeenNet欲成為華文市場ISP的領導者的

策略意圖，已遠超過現有網路服務產業市場顧客的需求與要求，展現出SEEDNet對網路服務市場的遠景與野心。

步驟六：結論與建議

■結論

從問卷結果以及統計分析的結果，可以得到幾點結論：

1.SEEDNet在市場的掌握能力、行銷的能力以及價格/品質等核心資源上擁有較佳的優勢。

2.對於顧客需求的掌握擁有較佳的優勢。

3.在製程漸進式（P2 ＊I）、組織系統性（O ＊S）以及組織突破性（O ＊BT）的創新活動上，企業目標與策略意圖超過現階段企業所擁有的資源及能力，因此SEEDNet必須在這部分繼續累積能力，才能達到所擬定的目標。

4.策略目標與組織意圖均可掌握充分掌握外在市場機會。

■建議

從企業優勢創新矩陣以及產業優勢創新矩陣，針對SEEDNet提出以下兩點建議：

1.加強技術創新能力、後勤支援能力、網路建構能力、組織結構、企業文化、人事制度與教育訓練、員工忠誠度與向心力、研發環境與文化與品牌形象等核心資源的累積。

2.提升與加強規模經濟優勢、網路設備來源掌控以及行銷通路的掌握等產業關鍵成功因素。

生物科技篇

●模式實證●

永信製藥的競爭優勢策略分析

醫藥產品攸關人類的生命與健康，
因此，世界各國皆對製藥產業嚴格把關；
再者，龐大的研究經費
和冗長的新產品開發時程，
造成市場的進入障礙
和事業經營的沉重負擔。
於是，合併、購併之風吹起，
大型化與集中化
已然成為國際大廠的發展趨勢，
而中、小型藥廠則積極介入藥品物流，
畢竟，供需穩定、不受經濟景氣影響
的產業特性，
還是蠻迷人的！

藩籬高築的製藥產業

製藥產業的定義

製藥產業之範圍,依行政院主計處之分類,可分為原料藥製造業、西藥製造業、生物製劑製造業、中藥製造業、體外檢驗試劑製造業、農藥及環境衛生用藥製造業等六大類。而根據藥事法第六條,藥品係指下列各款之一的原料藥及製劑:

1.載於中華藥典或經中央衛生主管機關認定之其他各國藥典、公定之國家處方集或各該補充典籍之藥品。

2.未載於前款,但使用於診斷、治療、減輕或預防人類疾病之藥品。

3.其他足以影響人類身體結構及生理機能之藥品。

4.用以配置前三款所列之藥品。

其中,原料藥係指藥品的有效成分,目前世界各國使用中之原料藥大約有四千種;製劑則係指將原料藥加工成為方便使用的形式,可分為西藥製劑及中藥製劑,常見的有錠劑、液劑、散劑、丸劑、膠囊、軟膏、注射劑等。

製藥產業的特性

由於製藥產業與國民的生命健康息息相關，因此產品之安全性與有效性受到各國政府相當之重視。且由於整體產業之產銷與研發與其他產業有很大差異，其供需狀況也不易受經濟景氣影響，因此產業具特殊性質。整體而言，製藥產業與一般產業相比，具有下列特性：

■市場特性

1.**政府嚴格管理**：由於藥品攸關國民的生命安全與健康，為確保藥品品質的有效性及安全性，並防止濫用藥品，包括藥品的進口、開發、生產、銷售等過程，均受到主管機關的嚴密監控。在衛生主管機關的查驗、登記等相關法規控制下，產業的發展趨勢遂深受政府主導與影響。

2.**市場需求決定藥價**：藥品的需求乃是人類對健康之引申需求，故藥價的制定乃隨著各國社會與文化背景的差異、對藥品價格的限制規範（Cost Containment），以及醫療保險體系的結構差異等需求面因素而有所不同。

3.**高度專業化市場**：在藥品使用方面，使用者雖然為一般民眾，但除了安全性較高的成藥（Over the Counter，OTC）外，為顧及使用的安全性及有效性，藥品的使用都必須經由專業的醫師處方，藥品的零售也必須經由專業的藥師執業。在生產方面，由於藥品種類繁多，每個廠商不可能生產全部的產品，而每個廠商的產品也不會只供應自己使用，經由國際競爭及專利權保護的結果，最後各項產品都由數家（大多為一至五家）掌控。

4.**具市場獨占性、附加價值高**：製藥產業通常有完善的專利保護措施，以鼓勵藥廠投入新藥研發，因此新藥上市後可獨占全球市場，即使等到專利期限過後，學名藥產品陸續出現，原開發廠仍可挾其品牌優勢，繼續擁有大部分市場；且製藥產業為資本、技術密集工業，加工層次高，因此其附加價值高於其他產業。

5.**市場廣大**：根據IMS Health公司估計，1998年全球藥品市場銷售額為3,029億美元。而藥品市場之大小決定於人口組成（種族、年齡）、政府之醫療制度（保險給付、醫藥分業、藥價）、地區（緯度、氣候、水質）、生活習慣（飲食、作息、風俗、宗教）、經濟狀況（生活水準、公共建設）等因素。

■技術特性

1.**跨領域的結合工業**：藥物的開發通常是針對目前不易治療的疾病，或是針對現有藥品的缺點進行改進。但不論新的藥品或新用途，從理論到臨床上的應用，都必須結合基礎科學（如化學、生理、藥理、病理、醫學）、產品設計（藥品、劑型之設計能力）、產品評估（藥品開發的相關設施，如藥理、毒理、安全性、臨床試驗等能力），缺一不可。近年來生物技術重組DNA的快速發展，更使製藥產業進入另一新紀元。

2.**少量多樣化生產**：一般藥品用量都很少，除維他命與少數幾種用量較大的抗生素外，大部分產量都無法達到一定的經濟規模。

3.**研發時間長、經費高**：製藥產業是高度依賴研究發展的工業。因製藥產業從理論到臨床上的應用，必須結合有機化學、生化、藥理、生理、病理實驗及臨床體內藥效試驗，故研

發期相當長，平均一個新藥的開發要投資3至5億美元，以及10年以上的研發時間。一般世界大廠的研發投資都在營業額的5%以上，有些甚至高達15至20%。

4.**資源需求大、風險高**：新藥的開發需要大量經費與時間，如前述，平均一個新藥的開發要投資3至5億美元，以及將近10年的研發時間，但成功率極低，故其為資本密集且高風險之產業。

藥物研究開發與上市時程

在一種新化合物用作為治療藥物之前，必須經由反覆的科學研究驗證，以確保新藥品的安全性及有效性，這一連串科學研究的過程，即所謂的藥物開發過程。圖6.1所示為美國藥物食品管理局（Food & Drugs Association，FDA）所規定之藥物研究開發與上市時程，主要分為下列程序：

1.**基礎研究**：此程序包括由天然物中提煉、由化學合成法合成、以生物技術法、或以化學合成與生物法並用來製備藥品，並利用各種活性測試的模式進行篩選，最後根據結論決定是否進入臨床前試驗期。一般而言，一萬個化合物被分離、萃取、合成和測試後，約有20種化合物進入臨床前試驗。

2.**臨床前試驗**：為動物體內或體外試驗，包括藥物安全、藥物代謝、藥物傳遞試驗及藥效藥理，通常在臨床前試驗階段，平均約50%的試驗藥物因毒性太強或藥物動態實驗不盡理想而必須放棄。

3.**臨床試驗**：藥物在通過臨床前試驗後，即可向衛生主管單位提出試驗中新藥申請（IND），經核准即可進行人體臨床試

驗。由於進行臨床試驗費用頗高，且其成功率大約為十分之一，因此廠商對是否進行臨床試驗均持較謹慎的態度。

全球製藥產業概況

目前新藥研發數量的比例，美國佔45％；英國佔14％；瑞士佔9％；德國和日本各佔7％；其餘國家都在5％以下。而在1998年全球銷售最佳的50種藥物中，美國製藥公司便佔有32種。除此之外，**表4.1**所示之全球銷售額排名前十大藥廠中，美國藥廠便佔了六家。

美國製藥產業具有強勢研發能力的原因，乃由於美國製藥公司在研發上的投資較多，衍生出較大的市場需求和銷售額，

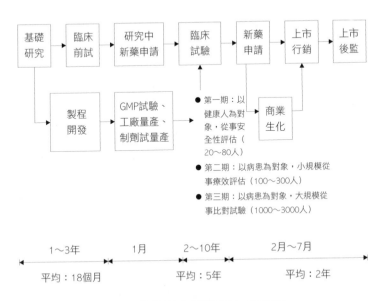

圖6.1 藥物研究開發與上市時程

從藥品總銷售收入投入研發的比例來看，美國製藥工業投資比
例為藥品總銷售收入之19%，且此比例仍逐年增加。反觀歐洲
製藥產業，則由於英國製藥業在過去五年間，許多藥品專利到
期而失去保護，新的優勢產品卻無以為繼，造成歐洲製藥產業
每況愈下。

　　由於製藥產業之研發經費需求高，且研發費用通常約佔銷
售額的10~15%，因此近年來全球各大藥廠無不積極進行合併或
併購，以提高投入之研發金額。由表6.1中，前三大藥廠的銷
售額均在一百億美元以上可知，大型化與集中化已然成為國際
大廠的發展趨勢。

　　在學名藥市場方面，學名藥指專利過期的品牌藥，經過生
體相等性試驗證明其作用與品牌藥藥效相同的產品。由於美國
FDA公布臨床藥效相等藥物清單供醫生、藥師替換藥物的參
考，且學名藥的價格遠低於品牌藥，造成醫生、藥師及一般消

排名	公司名稱	國家	銷售額（億美元）	成長率（%）	佔全球藥品銷售額比例（%）
1	Novartis	Swiss	106	5	4.2
2	Merck & Co	US	106	8	4.2
3	Glaxo Wellcome	UK	105	1	4.2
4	Pfizer	US	99	21	3.9
5	Bristol-Myers Squibb	US	98	11	3.9
6	Johnson & Johnson	US	90	8	3.6
7	American Home Products	US	78	1	3.1
8	Roche	Swiss	76	6	3.0
9	Eli Lilly	US	74	17	2.9
10	Smith Kline Beecham	UK	73	6	2.9

資料來源：1. IMS Health, 1998

2.朱兆文，巫文玲，台灣製藥產業（1998/1999年），生物技術開發中心，pp.139，1999

表6.1 全球銷售額排名前十大藥廠

表6.2 美國學名藥及品牌藥行銷通路

	藥房	健康及天然食品店	折扣量販連鎖店
店數	19,119	6,293	4,914
銷售額（美元）	349	84	92
每店每天的平均處方數	161	149	172
學名藥	50%	47%	59%
品牌藥	50%	53%	41%

資料來源：1. Chain Store Guides Information Services, Drug Store News, NACDS, 1998
　　　　　2.朱兆文，巫文玲，台灣製藥產業（1998/1999年），生物技術開發中心，pp.151，1999

費者逐漸注意並認同學名藥。依IMS資料顯示近年來美國學名藥工業一直維持穩定的成長狀態。由於學名藥之價格僅有品牌藥價的30~70%，造成美國學名藥之使用已逐漸成為趨勢，且佔有率逐漸成長，因此品牌藥專利到期後通常將流失近60%市場。根據表6.2所示，1998年美國各藥品行銷通路中學名藥均有45~60%之佔有率。

台灣製藥產業概況

　　我國製藥產業因全民健保的實施、醫療給付方式的改變、土地成本高漲、環保標準日漸嚴格，以及為因應加入WTO等國際化、自由化政策所採行之開放進口藥品措施，導致整個產業的行銷通路及市場佔有率受到影響，加上產業內以中小型廠商居多，較缺乏研發新藥之能力，不僅影響廠商獲利，亦造成產業內結構的改變並影響未來發展。

　　再者，醫藥分業實施以來，由於全民健保釋出處方箋比例偏低，使藥局因失去藥品調劑商機，卻頻遭主管機關取締販賣抗生素、處方藥等處分，致藥局家數由民國86年的一萬六千家

劇減至目前的一萬家左右,藥廠為了維持業績,紛紛轉型至非處方藥,並積極拓展營養品及健康食品的行銷通路,迫使越來越多藥廠直接或間接參與藥品物流,一方面掌握產品行銷主控權,將經營向產業下游延伸,另一方面則經由藥品、營養品及健康食品物流增加現金流量,提高企業競爭力。

台灣製藥產業結構,如圖6.2所示,包括上、中、下游。

1.**上游**:上游包括原物料以及原料藥加工業。其中,西藥

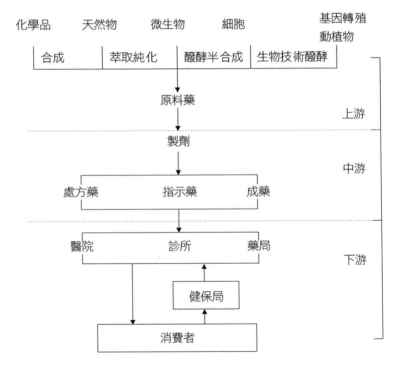

資料來源:朱兆文,巫文玲,台灣製藥產業《1998/1999年》,生物技術開發中心,pp.3,1999

圖6.2 台灣製藥產業結構

的原材料包括天然物及一般化學品,主要由化學法合成或由半合成法備製。原料藥工業則絕大多數為有機化學工業,依來源的不同而有不同的生產方式。

2.**中游**:中游為製劑業,主要是將原料藥加上製劑輔料,如賦型劑、崩散劑、粘著劑、潤滑劑、乳化劑等,加工成方便使用的劑型。

3.**下游**:下游主要為藥品經銷之通路。製藥廠商生產之處方藥、指示藥及成藥透過醫院、診所及藥局供給給消費者,並由健保局支付部分藥品費用於經銷通路。

1998年台灣西藥製劑產值達新台幣417億元,較1997年成長約5.0%。其中,進口值為1.93億元,出口值為17.3億元,國內市場需求為592.7億元,台灣西藥製劑出口比例為4.1%,進口依存度達32.6%,國內自給率為70.4%。請參考**表6.3**。

依IMS資料顯示,國內銷售額排行前二十名之藥廠中,國資廠只有永信、中化、信東及生達四家公司上榜,且其行銷通路主要以診所為主,在醫院通路方面,由於受限於醫師用藥習慣,國資廠之市場佔有率始終偏低。

類別	1997年	1998年
產值	397億元	417億元
出口值	15.5億元	17.3億元
進口值	140億元	193億元
國內需求	521.5億元	592.7億元
出口比率	3.9%	4.1%
進口依存度	26.8%	32.6%
自給率	73.2%	67.4%

資料來源:朱兆文,巫文玲,台灣製藥產業(1998/1999年),生物技術開發中心,pp96,1999

表6.3 台灣製劑產業供需現況

表6.4 台灣地區前二十大藥商銷售額排行

總排名	醫院	診所	藥局	廠商	國別	銷售額（億元）	成長率（%）
1	13	1	3	永信（3.32%）	Taiwan	18.55	19.1
2	7	9	1	SmithKline Beecham	UK	17.04	11.9
3	2	30	4	Janssen-Cilag（J & J）	US	15.65	20.3
4	1	73	50	Merck	US	15.14	19.1
5	4	13	11	Glaxo Wellcome	UK	14.87	1.5
6	3	27	7	Novartis	Swiss	14.69	3.8
7	5	33	16	Bristol-Myers Squibb	US	14.18	12.8
8	6	43	93	Eli Lilly	US	11.99	28.8
9	17	12	2	Wyeth-Ayerst	US	11.72	12.3
10	10	26	22	Roche	Swiss	11.55	8.4
11	9	45	65	Astra	Sweden	11.46	29.3
12	8	55	183	Pfizer	US	11.20	43.6
13	11	18	29	Pharmacia & Upjohn	Sweden	10.97	11.6
14	12	22	51	Bayer	Germany	10.61	11.4
15	16	32	15	Boehiringer Ingelheim	Germany	10.13	27.7
16	14	68	53	Hoechst Marion Roussel	US	9.20	6.6
17	15	59	52	藤澤	Japan	9.13	7.8
18	33	2	8	中化（1.59%）	Taiwan	8.72	7.2
19	19	4	32	信東（1.55%）	Taiwan	8.64	26.1
20	30	3	9	生達（1.42%）	Taiwan	7.92	4.4

資料來源：朱兆文，巫文玲，《台灣製藥產業（1998/1999年）》，生物技術開發中心，pp.101-102，1999

台灣藥品行銷通路分布及用藥比例

　　在整個藥品消費結構上，開業診所之藥品消耗量為64.2億台幣，外資藥與國資藥分別約佔消耗量之40%與60%；藥局約為102.3億元，外資藥與國資藥分別約佔消耗量之70%與30%；醫院市場為391.9億元，外資藥與國資藥分別約佔消耗量之70%與30%。如圖6.3所示。其中，醫院通路是成長最快的一部份，而藥局及診所市場則相對萎縮，可能是全民健保的轉診制度不健全所產生的結果。大型醫院是國內藥品主要行銷通路，全民健保原先期望利用轉診制度及加重自付額方式，引導小病至診所，使醫療資源能充分利用，在轉診制度實施失敗後，國內醫

圖6.3 台灣藥品行銷通路分布及用藥比例

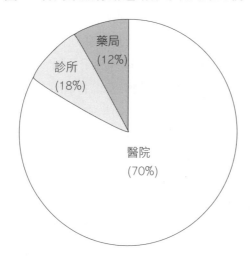

藥局
(12%)

診所
(18%)

醫院
(70%)

資料來源：1. IMS TAIWAN, 1999
　　　　　2.朱兆文，巫文玲，《台灣製藥產業（1998/1999年）》，生物技術開發中心，pp.98，1999
　　　　　3.專家與產業訪談結果整理，2000

療資源集中大型醫院的現象仍然存在，反而造成醫院市場的大
幅成長。國資廠藥品一向僅佔台灣藥品銷售市場的三分之一
弱，且其在藥房及診所市場方面佔有較大的空間，而外資及進
口藥品在醫院佔有較大市場，由於藥局及診所是國資藥廠的市
場重心，藥局及診所市場的萎縮也間接衝擊台灣國資藥廠的市
場佔有率。

台灣製劑產業價值鏈與定位分析

　　產業的生產流程基本上就是一段價值累積的流程，可以分
割成許多不一樣的活動，靠這些活動的串連而形成產業的價值

鏈。由於產業內廠商的經營活動與作業內容不盡相同，因此在整個生產程序的附加價值流程也各有千秋，但就整體而言，製劑產業的附加價值流程可予以簡化區分為基礎研究、應用研究、產品發展、認證、產品生產、市場行銷。

　　基本上製劑又可分為專利藥及學名藥兩大類，台灣廠商皆以學名藥生產為主，國外廠商則集中於專利藥之開發。如圖6.4所示，在專利藥方面，主要附加價值來自於專利的開發與產品的行銷，因此國外大廠在新藥的研發及市場通路的佈建方面，具有高度的優勢，而生產製造則依產品特性委外製造，以維持30~40%之獲利；在學名藥方面，由於不需耗費開發新藥所需之大量金錢與人力，故進入障礙較低、產業競爭大，廠商必須注重品質與成本的控制，並藉由市場行銷來提昇附加價值，但相較於專利藥品，學名藥廠僅能維持10%左右之獲利。

WTO對台灣製藥業之衝擊

　　台灣以已開發國家的身分，及「台澎金馬獨立關稅領域」之名義，申請加入關稅暨貿易總協定（GATT, 1986~1994），然而

圖6.4 製劑產業價值鏈

隨著烏拉圭回合談判之落幕，世界經貿組織（WTO）於1995年1月1日成立，以取代世界關貿總協，未來將藉由世界經貿組織之整合，融合唯一全球互通之經濟市場。因此目前台灣亦積極申請進入世界經貿組織，以爭取公平競爭地位，建立協商管道，拓展更寬廣的經貿空間，提昇政府的國際地位。

根據行政院經建會部門計劃處（委託野村總合研究所）於1997年之評估，世界經貿組織的規範可能對台灣製藥產業造成的影響包括：

1.零關稅：關稅減輕將造成進口藥品的成本降低、獲利增加、市場競爭力提高。以目前國內醫藥品市場而言，工業局陸續開放之藥房成藥、維生素、500C.C.點滴等產品，已對台灣國產製藥業者造成不小的衝擊。

2.藥品開放進口登記：將使國內進口藥佔有率提高，擠壓國產品生存空間。

3.研發費用減少：市場競爭造成國內廠商獲利減少，間接使得研發經費投入遞減。

4.開發中國家的衝擊：台灣以已開發國家的身分「台澎金馬獨立關稅領域」之名義申請加入WTO，因此必須對開發中國家有優惠待遇。

根據與專家及業界的訪談結果，如表6.5所示，大部分受訪者認為國資藥之診所及藥局等通路將直接受到WTO開放藥品進口所帶來之衝擊，而醫院通路則由於醫生用藥習慣固定，因此不致發生明顯之變動。此外，部分受訪者亦表示台灣政府仍可利用藥品上市之相關法規（BE，GMP等），來減緩開發中國家低價進口藥品對台灣之衝擊。故整體而言，加入WTO對台灣製劑產業之影響仍需視台灣藥廠個別之因應策略而有所差異。

表6.5 WTO對台灣製藥業之衝擊（專家及產業意見）

		認為影響較大	認為影響較小
處方藥及指示用藥	專家	˙國內部分廠商競爭力薄弱，故半以上體質不良之廠商將面臨被併購或關閉之命運。	˙大醫院本來就是外商天下（70%）。 ˙處方藥該進口者早已進口。 ˙僅關稅取消，上市法規仍可限制。
	業者	˙診所通路以成本為考量，故低價外國藥品進入，將對診所市場產生較大衝擊，造成版圖重劃。 ˙國資廠考量生產成本，故將生產基地外移至大陸及東南亞地區。	˙健保實施後產業結構已經歷衝擊了，部分體質不良之廠商早已被市場淘汰。
成藥（OTC）	專家	˙國外藥廠已有知名度之利基產品將快速進入台灣市場。	˙知名度低之國外藥廠必須考量行銷及運送成本，對於利潤過低之台灣市場無意進入。
	業者	˙因為成本更低，造成價差更大，故藥局通路影響大。	

永信藥品公司簡介

　　永信藥品工業股份有限公司（以下簡稱永信）於民國54年成立於台中縣大甲鎮，成立時的資本額僅為新台幣150萬元，從事製造與銷售人用及動物用藥品。目前永信資本額為新台幣23億元，1999年營業額為新台幣244億元，1998年稅前淨利為新台幣4.6億元，員工958位，為國內最大製藥廠商。

組織系統

　　永信的組織架構：內部組織和轉投資的關係企業。

民國54年	永信製藥股份有限公司成立，其前身為「永信西藥行」。
民國58年	設立台北服務處，以加強服務客戶及業務推廣。
民國72年	建立符合GMP標準之針劑廠於台中幼獅工業區，民國74完成啟用。
民國82年	以第一類股上市，同年5月日本公司股票正式上市買賣。
民國83年	興建抗生素藥廠。
民國84年	投資設立茲力國際股份有限公司，以傳銷之方式從事保健食品之銷售。
民國85年	化妝品莎妃莉亞專業美容護膚系列產品上市。
民國86年	保健食品上市，規劃發酵、中藥工廠之設立。

表6.6 永信公司發展里程碑

■組織結構的特色

1.在管理學組織理論上，永信公司組織架構較偏向「功能式」組織。權力核心在公司的總經理，下設研發、生產以及營業等部門。其組織結構採行簡單、講求效率的設計方式。

2.永信為傳統的家族企業。從董事長與總經理為父子關係，再深入探討永信的股東結構，大股東皆為「李姓宗親」，故其為一個家族企業是無庸置疑的。但是，近幾年來，總經理李芳裕先生因其為藥學博士背景，積極改善組織管理制度，使其更合理化、效率化，不失一位專業經理人的形象。

■關係企業的特色

近幾年，永信積極轉投資其他事業，包括製藥產業向上整

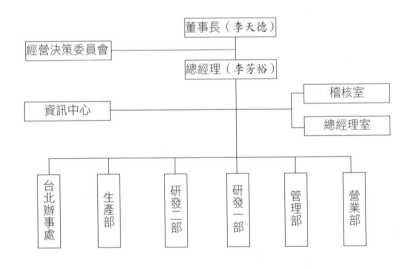

圖6.5 永信組織結構

合（原料藥）以及相關產品多角化，主要轉投資事業多在國外，詳細情形如**表6.7**。

其關係企業有下列三點特性：

1.轉投資事業都與本業息息相關：永信之相關企業多與其本業相關，並未跨足其他領域之產業。

2.轉投資事業之地點多在亞太地區：國外轉投資公司，永信以大陸、日本以及東南亞為主，主要從事藥品的銷售及製造，永信公司海外投資策略是「先有市場行銷，再有生產製造據點」。故轉投資事業的行銷據點多於生產製造據點。

3.跨入生物科技及健康食品領域：近年來，永信加強生物科技與健康食品等領域的投資，目前已轉投資世信生物科技與茲力國際公司，從事這兩個領域的產品研發與製造。

公司名稱	主要營業項目	持股比例
1.永日化學（上海）	原料要製造	26.53%
2.永甲興業	進出口貿易	73.50%
3.永諾	藥品進出口	49.00%
4.香港永信	藥品販賣	90.67%
5.馬來西亞永信	藥品販賣	100.00%
6.馬來西亞永信工業	藥品製造與販賣	66.18%
7.菲律賓先鋒工業	藥品製造與進出口	99.99%
8.新加坡永信	藥品販賣	100.00%
9.茲力國際	食品、清潔用品、化妝品買賣	72.72%
10.永信藥品工業（昆山）	藥品製造	83.33%
11.日本永信	藥品進出口	100.00%
12.世信生物科技	生物製劑技術之研發	69.92%

表6.7 永信之關係企業

營運現況

■產品項目

　　永信主要製造的產品以人用藥品為主，佔總產量80%以上，又以錠劑及膠囊類為主；其次為動物用藥品。下列為永信近三年產品分佈比重（如表6.8所示）。

　　近年來，永信除在學名藥之製劑產品佔有市場領先地位外，亦積極加強投入新產品的開發與服務，主要有下列六項新產品研發方向：1.新藥的開發研究；2.特殊劑型之開發研究；3.生物利用度與生物相等度之全面實施；4.科學化中藥的研究與發展；5.化妝品與機能性食品之開發與發展；6.血液製劑之開發與研究。

　　永信除上述新產品開發外，並與政府機關之經濟部工業局及國科會分別合作開發「降血脂劑」及「長效止痛前驅軟樂」之臨床試驗。

■研究發展現況

產品 ＼ 年度	85年度	86年度	87年度
人用藥品	79.81%	87.03%	89.43%
動物用藥品	18.80%	10.35%	7.81%
化妝品	0.88%	1.24%	0.99%
其他	1.44%	1.38%	1.77%
合計	100%	100%	100%

表6.8　永信近三年營業產品分佈比重

1.研發經費的投入：永信為台灣製藥產業的市場領導者，近幾年不斷積極投入研究發展工作，研發經費占總營業額，在1997年已經超過10%以上（如表6.9所示）。在台灣製藥廠商中，無論是在研發經費的投入總量及佔營業額的比例，永信都是第一名。

年度 項目	1996	1997	1998
研發支出(NT億元)	1.85	2.39	2.66
占營業額比例(%)	8.22	10.02	10.86

表6.9 近三年研究發展經費

2.研發人力的投入：永信公司之研發人力，1998年總計共有120位，約佔全公司員工15％，研發人員的學歷背景主要以大專畢業為主，詳細資料如下表6.10所示。

■銷售現況

永信以生產人用藥品及動物用藥品為主要的製劑公司，其銷售對象以內銷為主（詳細銷售對象如圖6.6），內銷市場又以診所為主要客戶；由於醫院習慣用進口藥以及健保給付制度之措

學歷	人數	比例(%)
博士	5	4.16
碩士	14	11.67
大專	72	60.00
高中	29	24.17
合計	120	100.00

表6.10 1998年研究發展人員之學歷背景

圖6.6 1998年永信產品之銷售對象

施，促使醫院醫師偏向使用進口藥，故即使醫院藥品市場為台灣市場總值7成以上，但是因上述之因素，國資廠商都難以打入此市場。

外銷銷售額佔總營業額比例相當少（不超過10%），由於台灣製藥廠商多生產專利過期之學名藥，又缺乏品牌的國際競爭優勢，故國外市場難以打開，尤其美國雖然是全球最大藥品市場，但進入障礙頗高。

經營方針與政策

永信公司資本額及營業額雖然無法與國外大製藥廠相提並論，但是近年來政府已經將生物科技製藥列為十大新興產業，為21世紀最有潛力的產業，又永信為我國製藥產業之領導廠商，故其未來的發展策略將備受矚目。永信未來發展策略可分為經營方針與產銷政策如下：

■經營方針

1.經營國際化

● 轉投資海外設廠。

● 佈建全球行銷據點。

2.經營多角化

● 醫藥相關產品多角化。

3.管理合理化

● 企業再造──管理制度合理化、效率化。

● 資訊系統轉型為開放系統。

■產銷政策

1.供給面

● 引進「全自動倉儲管理系統」，使原料及成品庫存管理效益增強。

● 建立與實施發酵製程作業標準。

● 建造抗生素廠之生產設備。

・增強生物科技產品製程技術能力。

2.需求面

● 提昇在大型醫院藥品市場佔有率。

● 突破只生產一般學名藥，積極推廣國內市場獨家上市新藥，鞏固與提升市場的領導地位。

● 與客戶訂定長期供貨契約，建立客戶品牌忠誠度。

● 加強拓展外銷市場。

永信的競爭優勢策略分析

步驟一：問卷調查

■專家訪談

　　本章在整理製藥產業相關文獻後，旋即深入訪談專家，專家對象主要包括產、研兩個部分。產業界以台灣前四大廠商永信、生達、中化及信東之高階經理人；研究機構以工研院生醫中心之研究員與經理人。藉由專家訪談，使本章更深入瞭解製藥產業的發展現況及未來的展望。

■問卷調查

　　專家訪談後，本章根據競爭策略分析模式（徐作聖，1999）與專家意見而設計問卷，並經專家確認寄發問卷，問卷對象如表6.11所示。

　　本章問卷採取Likert五點量度進行調查。問卷量度假設：1.在 t 檢定情況下假設Likert量度為比例尺度。2.在無母數檢定下

表6.11 問卷對象

	問卷對象	回收份數	備註
專家	製藥產業專家（工研院化工所及生醫中心高階經理）	5份	在產業專家協助下進行：1.產業定位圖；2.產業關鍵成功要素問卷；3.企業核心能力評量問卷。
產業界	永信公司（高階經理）	3份	在左列業界人士協助下進行：1.產業關鍵成功要素問卷；2.企業核心能力評量問卷；3.策略企圖評量問卷。
	競爭者（高階經理）	3家，共9份	信東、中化、生達公司高階經理
顧客	醫院	24	大型醫院之駐院醫師
	診所	4	診所開業醫師
	藥局	3	連鎖藥局經理與大盤商

則假設為序列尺度。

■策略定位分析

　　在產業構面分析上，改良自波特所提出的「競爭策略矩陣」模型，依「競爭領域」（competitive scope）的廣狹及低成本、差異化的「競爭優勢」（competitive advantage）等兩大構面，將製藥業者區隔成四種不同的競爭策略群組。

　　根據專家訪談（工研院生醫中心李組長、楊博士與工研院化工所許副所長），將台灣製藥產業之策略定位皆屬於競爭領域狹窄與以低成本為競爭優勢的「低成本營運能力」策略群組。

■競爭者分析

　　在產業構面的分析中，將永信所面對的競爭對手，依「競

圖6.7 製藥產業策略定位

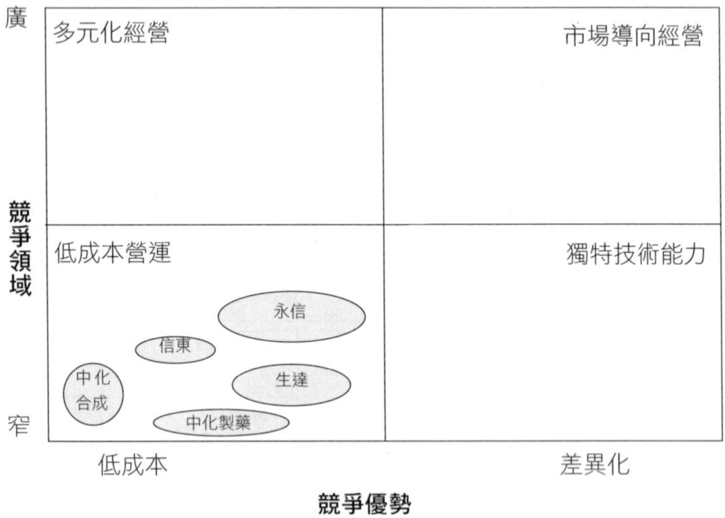

爭優勢」與「競爭領域」兩大構面，區分成四大競爭策略群組（如圖6.7）。永信的主要競爭對手為生達、信東、中化等國內大廠，分別進行產業關鍵成功因素的創新評量，用以瞭解永信與競爭者對產業關鍵成功因素的掌握程度。

步驟二：整理資料、建立創新矩陣及統計分析

■產業關鍵成功因素的創新評量

　　永信、生達、信東、中化在關鍵成功因素上的問卷統計彙整表（如表6.12）。下一個步驟，將表6.12轉換為創新矩陣圖（如圖6.8），採用統計方法（t-test）檢定永信與競爭者之相對競爭優

表6.12 製藥產業關鍵成功要素之評量問卷

產業關鍵成功要素	影響種類	影響性質	平均值				
			生達	中化	信東	競爭者平均	永信
創新與研發能力	P1, P2	S	4.00	4.00	3.00	3.67	4.33
關鍵技術與專利的掌握	P2, O	S, BT	4.00	3.33	2.67	3.33	4.00
技術資訊獲取能力	P1, P2	S	4.00	3.67	3.33	3.67	3.67
規模經濟優勢	P2	I	2.67	3.33	3.00	3.00	3.33
原料採購及來源掌握	P2	S	3.00	3.67	3.67	3.44	4.00
量產與自動化能力	P2, O	S	3.33	4.00	2.67	3.33	3.67
員工素質與人事管理	O	I, S	3.67	3.67	3.33	3.56	2.67
行銷通路的掌握	P1	BT	4.00	3.33	3.33	3.56	3.00
產品開發與創新應用	P1	S	4.00	3.67	3.00	3.56	3.67
品牌與企業形象	P1, O	BT	3.67	3.67	3.00	3.44	4.00
服務能力	P1	I	3.67	3.67	4.00	3.78	3.67
顧客需求的掌握	P1	I	4.33	3.67	3.67	3.89	3.33
市場領導優勢	P1	I, S	4.33	3.67	3.00	3.67	3.00
技術多元化	P2	S, BT	4.33	4.00	3.33	3.89	3.00
組織制度與管理能力	O	I, S	3.67	3.67	3.33	3.56	3.00
範疇經濟優勢	P1, P2	S	3.67	3.67	4.00	3.78	3.00
公共關係	O	I	3.33	4.00	3.67	3.67	3.00

勢與劣勢，發現兩點重要的策略義涵：

　　1.在組織的突破性（O＊BT）創新活動上，永信領先競爭對手，此部份的競爭優勢來自於品牌與企業形象、關鍵技術與專利的掌握等能力。

　　2.在組織的漸近性（O＊I）創新活動上，永信有明顯的劣勢，此部份最主要的影響因素來自於員工素質與人事管理、組織制度與管理能力的劣勢。

圖6.9 永信的競爭對手創新矩陣

影響種類	漸進式改變（I）	系統式改變（S）	突破式改變（BT）
產品（P1）	服務的能力（3.78） 顧客需求的掌握（3.89） 市場領導優勢（3.67） x̄=3.78	創新與研發能力（3.67） 技術資訊獲取能力（3.67） 產品開發與創新應用（3.56） 市場領導優勢（3.67） 範疇經濟優勢（3.78） x̄=3.67	行銷通路的掌握（3.56） 品牌與企業形象（3.44） x̄=3.50
製程（P2）	規模經濟優勢（3.00） x̄=3.00	創新與研發能力（3.67） 關鍵技術與專利的掌握（3.33） 技術資訊獲取能力（3.67） 原料採購及來源掌握（3.44） 量產與自動化能力（3.33） x̄=3.59	關鍵技術與專利的掌握（3.33） 技術多元化（3.89） x̄=3.61
組織（O）	員工素質與人事管理（3.56） 組織制度與管理能力（3.56） 公共關係（3.67） x̄=3.60	關鍵技術與專利的掌握（3.33） 量產與自動化能力（3.33） 員工素質與人事管理（3.56） 組織制度與管理能力（3.56） x̄=3.45	關鍵技術與專利的掌握（3.33） 品牌與企業形象（3.44） x̄=3.39

x̄：方格內各項評量結果之平均數。

圖6.8 永信的產業優勢創新矩陣

影響種類	漸進式改變（I）	系統式改變（S）	突破式改變（BT）
產品（P1）	服務的能力（3.67） 顧客需求的掌握（3.33） 市場領導優勢（3.00） x̄=3.33	創新與研發能力（4.33） 技術資訊獲取能力（3.67） 產品開發與創新應用（3.67） 市場領導優勢（3.00） 範疇經濟優勢（3.00） x̄=3.53	行銷通路的掌握（3.00） 品牌與企業形象（4.00） x̄=3.50
製程（P2）	規模經濟優勢（3.33） x̄=3.33	創新與研發能力（4.33） 關鍵技術與專利的掌握（4.00） 技術資訊獲取能力（3.67） 原料採購及來源掌握（4.00） 量產與自動化能力（3.67） x̄=3.67	關鍵技術與專利的掌握（4.00） 技術多元化（3.00） x̄=3.50
組織（O）	員工素質與人事管理（2.67） 組織制度與管理能力（3.00） 公共關係（3.00） x̄=2.89	關鍵技術與專利的掌握（4.00） 量產與自動化能力（3.67） 員工素質與人事管理（2.67） 組織制度與管理能力（3.00） x̄=3.44	關鍵技術與專利的掌握（4.00） 品牌與企業形象（4.00） x̄=4.00

影響性質

■企業優勢創新矩陣（核心資源分析）

在完成分析永信相對競爭優劣勢後，接下來將對每一項核心資源項目對永信創新活動所造成之影響，依影響的種類、性質及強弱三大構面，進行創新性評量與分析。

每一項的核心資源項目，在經過專家與永信高階層主管之討論而取得共識後，整理如**表6.13**所示。

企業核心資源	影響種類	影響性質	平均值	
			專家	永信
組織結構	O	S	3.20	2.67
企業文化	O	S	3.40	3.67
人事制度與教育訓練	O	I, S	2.80	3.00
員工忠誠與向心力	O	S	4.20	3.67
研發環境與文化	O	S, BT	3.00	3.67
製程創新能力	P2, O	I, S	3.40	3.33
資訊與智財權的掌握	P1, P2	BT	2.80	3.00
與供應商之關係	O	I	3.80	3.33
庫存管理能力	P2, O	S, I	3.20	3.33
規模經濟的能力	P2	S, I	3.20	3.67
生產效率的掌握	P2	I	4.20	4.00
市場的掌握能力	P1	I	4.60	3.33
行銷能力	P1	S	4.80	3.00
品牌形象	P1, O	S, BT	4.00	3.33
價格/品質	P1	1	3.40	3.67
產品創新程度	P1	S, BT	2.80	3.33
財務能力	O	S	2.60	3.33

表6.13　企業核心資源

　　由於本章的問卷是經由專家評定永信與永信自己評定自己，由於專家與永信自己評定，本章乃採用統計方法（無母數統計）檢定所填答之問卷是否具有一致性，若有一致性，則可以將其合併分析，根據本章分析結果（略），發現兩群樣本所回答之問卷具有一致性，所以將其合併分析。

　　下一個步驟，將表6.13轉換為創新矩陣圖（如圖6.10所示），採用統計方法（t-test）檢定重要核心資源，分析結果如圖6.11所示。由企業優勢創新矩陣的分析中，可得到六點重要的策略性涵義：

　　1.永信在產品與漸進性（P1＊I）創新活動上，永信掌握狀況較佳，此部份的競爭優勢來自市場的掌握能力與價格/品質。

　　2.永信在產品與系統性（P1＊S）創新活動上，永信掌握狀況較佳，此部份的競爭優勢主要來自於行銷能力、品牌形象，產品創新程度。

　　3.永信在製程與漸進性（P2＊I）創新活動上，永信掌握狀況較佳，此部份的競爭優勢主要來自於製程創新能力、庫存管理能力、規模經濟的能力，生產效率的能力。

　　4.永信在製程與系統性（P2＊S）創新活動上，永信掌握狀況較佳，此部份的競爭優勢主要來自於製程創新能力、庫存管理能力、規模經濟的能力。

　　5.永信在組織與系統性（O＊S）創新活動上，永信掌握狀況較佳，此部份的競爭優勢主要來自於企業文化、員工忠誠與向心力、研發環境與文化。

　　6.永信在組織與突破性（O＊BT）創新活動上，永信掌握狀況較佳，此部份的競爭優勢主要來自於品牌形象。

圖6.10 永信的企業優勢創新矩陣

影響種類 ＼ 影響性質	漸進式改變（I）	系統式改變（S）	突破式改變（BT）
產品（P1）	市場的掌握能力（3.33） 價格／品質（3.67） x̄=3.38	行銷能力（3.00） 品牌形象（3.33） 產品創新程度（3.33） x̄=3.79	資訊與智財權的掌握（3.00） 品牌形象（3.33） 產品創新程度（3.33） x̄=3.21
製程（P2）	製程創新能力（3.33） 庫存管理能力（3.33） 規模經濟的能力（3.18） 生產效率的掌握（4.00） x̄=3.38	製程創新能力（3.33） 庫存管理能力（3.33） 規模經濟的能力（3.18） x̄=3.39	x̄=0
組織（O）	人事制度與教育訓練（3.45） 製程創新能力（3.33） 與供應商之關係（3.33） 庫存管理能力（3.33） x̄=3.35	組織結構（2.67） 企業文化（3.67） 人事制度與教育訓練（3.00） 員工忠誠與向心力（3.67） 研發環境與文化（3.67） 製程創新能力（3.33） 庫存管理能力（3.33） 品牌形象（3.33） 財務能力（2.60）　x̄=3.31	研發環境與文化（3.67） 品牌形象（3.33） x̄=3.50

影響性質

▨：顯著大於整體平均水準。■：顯著小於整體平均水準。□：與整體平均水準無顯著差異。
x̄：方格內各項評量結果之平均數。

■顧客需求創新矩陣

　　對企業經營者而言，如何發掘顧客、了解並滿足需求，實為最大挑戰。接下來，將繼續針對市場購面的顧客需求因素進行分析。永信公司所生產之製劑，主要有三大顧客類別：1.醫院；2.診所；及3.藥局。彙整問卷調查結果如下**表6.14**所示。接

表6.14　製劑業之顧客需求特性問卷

顧客需求特性	影響種類	影響性質	平均值		
			醫院	診所	藥局
價格	P1	I	3.16	2.50	3.67
療效	P2	I, BT	4.33	4.25	4.33
劑量	P2	I	3.17	3.50	2.67
健保給付	P1	S, BT	4.25	2.25	3.33
GMP認證	P2, O	S	4.00	4.25	5.00
安全性	P2	I	4.42	4.50	4.67
藥物過敏	P1	I	4.00	4.50	2.67
藥物互斥	P1	I	3.83	4.50	3.33
副作用	P1	I	4.29	4.50	3.33
劑型	P1	I, BT	3.39	2.25	2.00
吸收性	P1	I	3.33	2.75	3.00
專利	P2, O	S, BT	3.00	2.00	3.00
原廠藥	P1	S	3.13	2.25	2.33
品牌形象	P1, O	I, S	3.50	2.50	3.33
售後服務	O	I	3.58	3.25	3.00
推銷人力	P1	I	2.88	2.25	3.00
運送服務	P2, O	S	2.96	2.75	3.67
交貨速度	P2	S	3.38	3.00	4.67

下來將彙整永信顧客的不同需求項目進行創新性的分析，由於永信之顧客為三種不同的顧客，故本章採用統計方法（無母數統計）檢定不同之顧客所填答之問卷是否具有一致性，若有一致性，則可以將其合併分析，分析結果，發現此三種顧客所回答之問卷，具有一致性。

　　下一個步驟，將表6.14轉換為創新矩陣圖（如圖6.11所示），採用統計方法（t-test）檢定重要核心資源，分析結果如圖

圖6.11 永信的顧客需求創新矩陣

<table>
<tr>
<th rowspan="7">影響種類</th>
<th rowspan="2">產品（P1）</th>
<td>
價格（3.16,2.50,3.67）
藥物過敏（4.00,4.50,2.67）
藥物互斥（3.83,4.50,3.33）
副作用（4.29,4.50,3.33）
劑型（3.39,2.25,2.00）
吸收性（3.39,2.25,2.00）
品牌形象（3.50,2.50,3.33）
推銷人力（2.88,2.25,3.00）

x̄=3.44
</td>
<td>
健保給付（4.25,2.25,3.33）
原廠藥（3.13,2.25,2.33）
品牌形象（3.50,2.50,3.33）
神狀服務（2.96,2.75,3.67）

x̄=3.42
</td>
<td>
健保給付（4.25,2.25,3.33）
劑型（3.39,2.25,2.00）

x̄=3.45
</td>
</tr>
<tr>
<th rowspan="2">製程（P2）</th>
<td>
療效（4.33,4.25,4.33）
劑量（3.17,3.50,2.67）
安全性（4.42,4.50,4.67）

x̄=3.98
</td>
<td>
GMP認証（4.00,4.25,5.00）
專利（3.00,2.00,3.00）
交貨速度（3.38,3.00,4.67）

x̄=3.36
</td>
<td>
療效（4.33,4.25,4.33）
專利（3.00,2.00,3.00）

x̄=3.60
</td>
</tr>
<tr>
</tr>
<tr>
<th rowspan="3">組織（O）</th>
<td>
品牌形象（3.50,2.50,3.33）
售後服務（3.58,3.25,3.00）

x̄=3.42
</td>
<td>
GMP認証（4.00,4.25,5.00）
專利（3.00,2.00,3.00）
品牌形象（3.50,2.50,3.33）
運送服務（2.96,2.75,3.67）

x̄=3.33
</td>
<td>
專利（3.00,2.00,3.00）

x̄=2.87
</td>
</tr>
<tr>
<td colspan="3"></td>
</tr>
<tr>
<td colspan="3"></td>
</tr>
<tr>
<td>漸進式改變（I）</td>
<td>系統式改變（S）</td>
<td>突破式改變（BT）</td>
</tr>
<tr>
<th></th>
<th colspan="3">影響性質</th>
</tr>
</table>

▓：顯著大於整體平均水準。▇：顯著小於整體平均水準。□：與整體平均水準無顯著差異。
x̄：方格內各項評量結果之平均數。

6.11所示，可得到三點重要的策略性涵義：

　　1.在製程的漸進性（P2*I）需求程度較高，顯示對製劑的劑量與安全性要求較高。

　　2.在產品的漸進性（P1*I）需求程度較高，顯示對製劑的藥物過敏、互斥、副作用及吸收性與品牌形象等要求較高。

3.在組織的突破性（O＊BT）需求程度較低，顯示對製劑的專利有無需求較低。

步驟三：創新SWOT分析

由上述等構面探討中，經營者可從企業優勢創新矩陣核心資源的創新分析中，了解企業本身所呈現的經營優勢與劣勢。在產業優勢和競爭對手二個創新矩陣中，逐一比較雙方在產業關鍵成功要素上的掌握能力後，便可以清楚地顯示出企業本身擁有的實質競爭優勢。顧客需求創新矩陣指出顧客需求的項目與強弱，也隱含於外在市場環境所存在的機會。

在結合上述核心資源與產業關鍵成功因素的實質競爭優勢，以及瞭解顧客需求分析所得到的外在市場機會後，接下來歸納上述市場構面的創新評量結果，整合成「創新 SWOT 矩陣」（如圖6.12所示），系統性且完整地表達產業環境與市場環境構面中，企業所擁有的優勢劣勢與外在環境所潛藏的機會與威脅。

■內部實質競爭優勢的創新評量

1.永信在組織的突破性（O＊BT）創新活動上，具有高度競爭優勢。此一實質競爭優勢源於永信相對競爭優勢，包括關鍵技術專利掌握、品牌企業形象。

2.在組織的漸進性（O＊I）創新活動上具顯著競爭劣勢。

3.此一實質競爭優勢源於永信相對競爭劣勢，包括組織與管理能力、公共關係。

■外部實質競爭優勢的創新評量

圖6.12 永信的創新SWOT矩陣

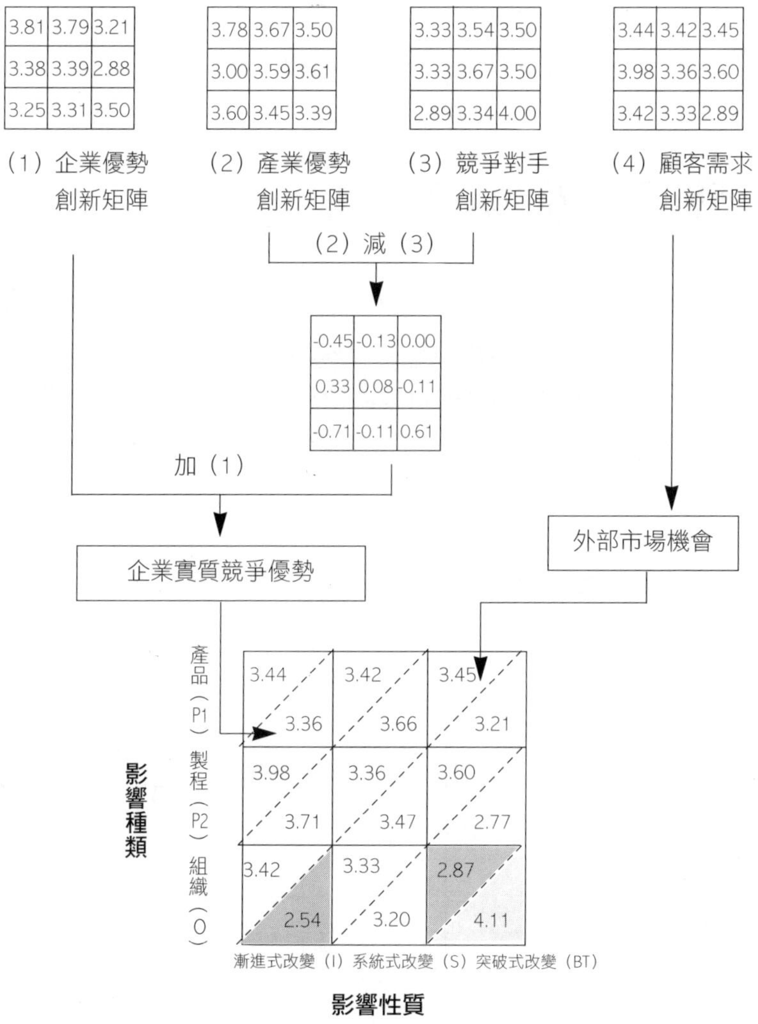

3.81	3.79	3.21
3.38	3.39	2.88
3.25	3.31	3.50

（1）企業優勢
　　　創新矩陣

3.78	3.67	3.50
3.00	3.59	3.61
3.60	3.45	3.39

（2）產業優勢
　　　創新矩陣

3.33	3.54	3.50
3.33	3.67	3.50
2.89	3.34	4.00

（3）競爭對手
　　　創新矩陣

3.44	3.42	3.45
3.98	3.36	3.60
3.42	3.33	2.89

（4）顧客需求
　　　創新矩陣

（2）減（3）

-0.45	-0.13	0.00
0.33	0.08	-0.11
-0.71	-0.11	0.61

加（1）

企業實質競爭優勢

外部市場機會

影響種類

產品（P1）

| 3.44 | 3.42 | 3.45 |
| 3.36 | 3.66 | 3.21 |

製程（P2）

| 3.98 | 3.36 | 3.60 |
| 3.71 | 3.47 | 2.77 |

組織（O）

| 3.42 | 3.33 | 2.87 |
| 2.54 | 3.20 | 4.11 |

漸進式改變（I）系統式改變（S）突破式改變（BT）

影響性質

　　1.整體而言，顧客對廠商大致上的創新活動需求均較重視，顯示外部機會蠻大。

　　2.在組織的突破性（O＊BT）創新活動上，較不重視，顯示顧客對有無專利上並非考量之因素。

步驟四：策略意圖創新分析

　　從對永信的訪談及外部文獻資料的蒐集，確認永信現階段對未來的十項策略意圖與目標，其評量結果如表6.15。

　　針對上述策略意圖與目標的創新性分析（如表6.15），轉換成永信「策略意圖創新矩陣」，如圖6.13所示，本章發現兩項策略義涵：

　　1.永信在製程的漸進性（P2＊I），與製程的突破性（P2＊BT）上並非策略重點。

　　2.在目標的擬定上，偏向於漸進性的創新活動。

策略意圖與目標	影響種類	影響性質	平均值
經營國際化	P1, O	S, BT	4.00
海外設廠	P2, O	S	3.67
擴展全球行銷	P1	S, BT	4.00
擴張產品線	P1	I	4.33
加速投入生物科技	P2, O	BT	4.00
管理制度合理化	P2, O	I, S	4.33
資訊系統轉型為開放系統	O	S	4.67
成本中心的推動	O	S	3.00
提升行銷人力素質	P1, O	I	4.33
提升研發人力素質	P1, P2, O	I	4.00

表6.15　企業策略意圖創新評量結果

圖6.13 永信的策略意圖創新矩陣

	漸進式改變（I）	系統式改變（S）	突破式改變（BT）
產品（P1）	擴張產品線（4.33） 提升行銷人力素質（4.33） 提升研發人力素質（4.00） x̄=4.22	經營國際化（4.00） 擴展全球行銷4.00） x̄=4.00	經營國際化（4.00） 擴展全球行銷4.00） x̄=4.00
製程（P2）	管理制度合理化（4.33） 提升研發人力素質（4.00） x̄=4.17	海外設廠（3.67） 管理制度合理化（4.33） x̄=4.00	加速投入生物科技（4.00） x=4.00
組織（O）	管理制度合理化（4.33） 提升行銷人力素質（4.33） x̄=4.22	經營國際化（4.00） 海外設廠（3.67） 管理制度合理化（4.33） 資訊系統轉型為開放系統（4.67） 成本中心的推動（3.00） x̄=3.93	經營國際化（4.00） 加速投入生物科技（4.00） x=4.00

影響種類（left axis）　**影響性質**（bottom axis）

■：顯著大於整體平均水準。■：顯著小於整體平均水準。□：與整體平均水準無顯著差異。
x̄：方格內各項評量結果之平均數。

步驟五：差異性分析

　　將策略意圖創新矩陣中各方格的數值，分別減去創新
SWOT矩陣中對應方格內中左上角及右下角的數值，即得到差
異矩陣。

圖6.14 永信之差異矩陣分析

(1)策略意圖矩陣　　－　　(2)創新SWOT矩陣　　＝　　(3)差異矩陣

4.22	4.00	4.00
4.175	4.00	4.00
4.22	3.93	4.00

－

3.44／3.36	3.42／3.66	3.45／3.21
3.98／3.71	3.36／3.47	3.60／2.77
3.42／2.54	3.33／3.20	2.87／4.11

＝

0.78／0.86	0.58／0.34	0.55／0.79
-0.19／0.46	0.64／0.52	0.40／1.23
0.80／1.68	0.60／0.73	1.13／0.11

註：（＋）值表示企業野心太大，企業目標與策略意圖大於外在機會或企業本身所擁有的資源能力。
　　（－）值表示企業過於保守，未能充分發揮企業優勢或未能充分掌握外在機會。

策略方向能配合企業競爭優勢與市場機會 （維持）	策略方向能配合企業競爭優勢與市場機會 （維持）	永信因不具產業競爭優勢而無法支持市場機會與現行的策略企圖 （建立或放棄）
永信尚未發現此產業區隔之市場機會，因此尚未發揮潛力 （建立）	策略方向能配合企業競爭優勢與市場機會 （維持）	非策略重心區域，亦無競爭優勢 （放棄）
永信居競爭劣勢而無法支持市場機會與現行的策略企圖 （建立或放棄）	策略方向能配合企業競爭優勢與市場機會 （維持）	無市場機會 （放棄）

註：方格中的文字代表永信在該領域之SWOT分析狀態。
　　（ ）內則代表永信在該領域所應採取之行動。

圖6.15 差異性矩陣

步驟六：結論與建議

　　根據上述策略矩陣分析與先前分析之綜合，本章得到以下之結論：

　　1.永信不應投入生物科技，因為市場需求未明與企業核心能力不足；永信應配合低成本與取得FDA認證兩方向，審慎進行國際化擴張。

　　2.提升其專業行銷能力與形象為當務之急，才能打入大型醫療院所市場。

　　3.應加強新藥研發。

　　4.永信應積極尋求國外知名藥廠合作，以提升本身研發能力與產品形象。

　　5.鑑於目前國內藥廠難以打入大型醫療院所市場之困境，永信應考慮聯合國內其他業者共同遊說行政立法單位與健保局，以低價進入大型醫療院所市場。

　　6.目前永信本身之研發投入應繼續提升。

　　7.面對進入WTO後所可能對藥局市場與診所市場產生之低價衝擊，永信應該加強提升自身之品牌形象，考慮加強PR與企業識別形象，以建立消費者之信賴感。

參考文獻

■競爭優勢策略分析模式

1. Prahalad, C. K., Hamel, G, "The Core Competence of the Corporate", Harvard Business Review, May-June, 1990

2. Porter, M. E., "Competitive Strategy：Techniques for Analyzing Industries and Competitors", Free Press, New York, 1980

3. Porter, M. E., "Competitive Advantage： Creating and Sustaining Superior Performance," Free Press, New York, 1985

4. Prahalad, C. K., Hamel, G., "The Core Competence of the Corporate", Harvard Business Review, May-June, 1990

5. Schumann, P. A., Prestwood, D. C. L., Tong, A. H., Vanston, J. H., "Innovate： straight path to quality, customer delight & competitive advantage", McGraw-Hill, New York, 1994

6. Shyu, J. Z., Personal Communication, May, 1995

7. 大前研一，《企業戰略思考》，林傑斌譯，業強，台北，民國八十年

■資訊科技篇

8. 張汝京，「IC製造業者的觀察」，1999半導體工業年鑑，陸5-陸9頁，1999

9. 徐作聖，國家創新系統與競爭力，聯經出版社，台北市，1999

10. 工研院電子所，1999半導體工業年鑑，捌1-捌4頁，1999

11. 工研院電子所，1999半導體工業年鑑，參1-參7頁，1999

12. 陳文峰，「IP威力知多少」，1999半導體工業年鑑，伍29-伍37頁，1999

13. 吳欽智，「IC設計業者的觀察」，1999半導體工業年鑑，陸1-陸47頁，1999

14. 台灣積體電路製造股份有限公司八十七年度年報，pp.7-pp.17，1998

15. 台灣積體電路製造股份有限公司八十八年度公開說明書，pp.21-pp.26，1999

16. 工研院電子所，1999半導體工業年鑑，捌15—捌26，1999

■寬頻網路篇

17. 工研院電通所ITIS計畫，《網際網路服務提供者之商機探討》，pp.17，1999

18. SEEDNet公開說明書，pp.42，1998/8

19. http://www.seednet.net.tw/

20. 電子時報

■ISP產業篇

21. 經濟部技術處NII科專計畫／資策會推廣處FIND，http://www.find.com.tw/，1999/10

22. 郭美懿，「前進寬頻網路世界，寬頻網路市場戰況方熾」，《通訊雜誌》第69期，1999/10

23. 須文蔚，「有線電視法修正後寬頻網路市場風暴起」，《資訊與電腦》，pp.66-69，1999/3

24. 顏美惠，「ISP的新秀，急起直追的東豐」，《資訊與電腦》，pp.63-65，1999/3

25. 黃蕣清，「暢遊有線、歡樂無限－和信超媒體的有線選擇」，《資訊與電腦》，pp.60-62，1999/3

26. 朱治強，「ISP積極進軍寬頻網路市場」，《通訊雜誌》第68期，
pp.60-61，1999/9

27. 王佑瑜，「電信業者祭出ADSL」，《資訊與電腦》，pp.43-49，1999/3

■生物科技篇

28. 朱兆文，巫文玲，《台灣製藥產業（1998/1999年）》，生物技術開發
中心，1999

29. 台灣製藥工業87年全年報，台北市進出口商業同業公會，pp.1，
1999/7

30. 野村總合研究所，2005年中華民國最具發展潛力之高科技產業計畫期
末報告書，行政院經濟建設委員會部門計劃處，pp.278，1997/1

國家圖書館出版品預行編目資料

高科技創新與競爭：競爭優勢策略分析模式實證：
Knowledge based innovation and competition／徐作
聖，邱奕嘉著. -- 初版. -- 臺北市：遠流, 2000[民89]
　　面；　公分. --（實戰智慧叢書；265）
參考書目：面
ISBN 957-32-4232-X（平裝）

　1. 決策管理　2. 決策管理 – 個案研究　3. 產業 – 分
析　4. 科技 – 工業 – 管理

494.1　　　　　　　　　　　　　　　　　89017913

H1228
知識創新之泉
智價企業的經營

Dorothy Leonard-Barton◎著

王美音◎譯

李仁芳◎審定導讀

定價：320元

本書一一闡述組織內各項需要不斷創新的核心能力，並引用許多企業成敗的經驗，傳授知識資產的策略性規劃與管理，同時強調經理人要不斷思索決策所帶來的潛在知識源泉。多位惠普、微軟、摩托羅拉等知名企業的經理人於本書中指出，唯有懂得有效汲取與管理知識的組織，才稱得上是成功的智價企業。

H1203
創新求勝—智價企業論
野中郁次郎、竹內弘高◎合著
楊子江、王美音◎合譯
李仁芳◎審定導讀
定價：280元

兩位當代著名的知識管理大師，以扎實的理論基礎，為你詳細分析日本企業之所以成功的獨特做法，並藉此提出一種由中而上而下的管理方法，以及超連結組織的企業組織模式，以協助企業創造、累積知識資產，進而創造出致勝的產品及服務。

HA401
新企劃力
創意思考解決難題的六大能力

郭泰◎著
定價：220元

企劃的能力（即企劃力）是e世代年輕人要出人頭地、功成名就必備的能力。企劃力就是運用創意思考去解決某一難題的能力，主要包括善於用腦、恢復想像、激發創意、蒐集資料、解決問題、預測未來這六項能力，這些，正是本書所要深入探討的六大章節。

HA402
新企劃人
一個新鮮企劃人修練日記

郭泰◎著
定價：200元

這是一本新鮮企劃人的修練日記。作者把自己當成一位剛取得企管碩士、甫進入某大出版公司擔任企劃工作的27歲青年。在四個月的試用期間，作者用第一人稱的方式，寫下這位新鮮企劃人的修練日記與學習心得。讀者只要讀過幾篇就會發現，與其說它是嚴肅的修練日記，不如說它是好玩的遊戲日記。其實，它既是修練也是遊戲。

H1259
永恆的行銷法則
千錘百鍊的28條金科玉律

張永誠◎著

定價：240元

經得起百年時間與市場考驗的，我們稱它為「永恆的行銷法則」。它們不但「暢銷」，而且「長銷」。就某一層面而言，它們甚至可以稱為行銷領域的「定理」。要在市場上揚名立萬，本書就是你不能不具備的二十八般武藝。

H1260
行銷新反思
全行銷時代的80個新思維

張永誠◎著

定價：250元

行銷之路是無限的寬廣，滿腦子市場、一肚子競爭的行銷人，何妨離經叛道，從觀念革新、管理趨勢、競爭優勢、消費心理和經營環境五大面向，向自己的腦袋造反，用新的思維來理解新的未來，讓自己成為新的行銷人。